高等职业教育“十三五”规划教材

# Visual Basic 程序设计学习与指导


主　编　刘　锋　孙传群　宋英杰

副主编　李　金　余　淼　房　坤　吴艳文

编　委　劳雪松　尹向兵　杨　洋　张林静　朱珍元



電子工業出版社

Publishing House of Electronics Industry

北京·BEIJING

## 内 容 简 介

本书是《Visual Basic 程序设计》（郭维威主编）配套的学习指导教材，书中详细介绍了每个实验项目的实验目的、实验分析、实验步骤及程序代码，帮助学生掌握 Visual Basic 程序设计语言的基本知识和程序设计的方法与步骤。本书每个章节都配备一定数目的课后习题，通过习题让学生巩固基础知识。同时通过合理的组织教学环节与教学内容，借助习题和大量的上机实践，使学生掌握分析和解决问题的方法，培养学生具有较强的计算思维能力。

本书可以作为高等职业学校计算机程序设计课程的教材，也可以作为普通高等教育、成人教育、工程技术人员、计算机等级考试辅导以及程序设计爱好者的学习教材。



**图书在版编目（CIP）数据**

Visual Basic 程序设计学习与指导 / 刘锋，孙传群，宋英杰主编. —北京：电子工业出版社，2018.1
ISBN 978-7-121-33015-5

Ⅰ. ①V… Ⅱ. ①刘… ②孙… ③宋… Ⅲ. ①BASIC 语言－程序设计－高等职业教育－教材
Ⅳ. ①TP312

中国版本图书馆 CIP 数据核字（2017）第 277837 号

策划编辑：祁玉芹
责任编辑：鄂卫华
印　　刷：中国电影出版社印刷厂
装　　订：中国电影出版社印刷厂
出版发行：电子工业出版社
　　　　　北京市海淀区万寿路 173 信箱　邮编　100036
开　　本：787×1092　1/16　印张：12　字数：292 千字
版　　次：2018 年 1 月第 1 版
印　　次：2018 年 1 月第 1 次印刷
定　　价：29.80 元

凡所购买电子工业出版社图书有缺损问题，请向购买书店调换。若书店售缺，请与本社发行部联系，联系及邮购电话：（010）88254888，88258888。

质量投诉请发邮件至 zlts@phei.com.cn，盗版侵权举报请发邮件至 dbqq@phei.com.cn。

本书咨询联系方式：（010）68253127。

# 前言 Preface

随着大学计算机教育课程体系、课程内容和教学方法不断更新，我们在总结多年编写教材经验的基础上，按照学生的特点构建课程内容和教材体系，围绕教学思路，深入研讨和推广教学改革新成果，以培养学生实践操作能力为目标，编写了本教材。

Visual Basic 程序设计是实践性很强的课程，课程的教学目的是希望学生能够熟练掌握程序设计的基本方法和基本理念。为了加强学生实践操作能力的培养和训练，指导学生学习，编写了本教材。本书是《Visual Basic 程序设计》（郭维威主编）的配套学习指导教材。结合十余年来的教学实践和广大教师针对教材编写提出的宝贵意见，本次学习指导的编写注重理论够用、强化操作、重在实践、方便自学等方面。

全书分为以下两个部分。

第一部分：课后习题与参考答案。针对教材各个章节的内容，给出了涵盖教材知识点的习题，并针对部分习题给出了详细的参考答案。

第二部分：上机实践。针对教材各个章节的内容，精心设计和安排了相应的上机实验内容，每个实验都给出了具体的操作步骤、详细的分析过程和参考源代码，并针对个别章节内容给出了拓展练习，这不仅有利于初学者尽快掌握必备的基础知识，同时还有助于提高学生的思维能力。

本书由黑龙江工业学院刘锋、安徽警官职业学院孙传群、黑龙江工业学院宋英杰担任主编，曲阜远东职业技术学院李金、重庆三峡职业学院余淼、青岛港湾职业技术学院房坤、安徽警官职业学院吴艳文担任副主编；担任编委的还有安徽警官职业学院劳雪松、尹向兵、杨洋、张林静、朱珍元；全书由刘锋统稿审核。

在编写过程中，编者参阅了大量的文献资料，在些一并表示感谢。由于编者水平有限，书中难免存在疏漏之处，欢迎大家批评指正。衷心希望广大使用者尤其是任课教师提出宝贵的意见和建议，以便再版时及时加以修正。

为了使本书更好地服务于授课教师的教学，我们为本书配备了教学讲义，期中、期末试卷答案，拓展资源，教学案例演练，素材库，教学检测，案例库，PPT 课件和课后习题、答案等教学资源。请使用本书作为教材授课的教师，可到华信教育资源网 www.hxedu.com.cn 下载本书的教学软件。如有问题，请与我们联系，联系电话：（010）69730296、13331005816。

编　者

2017 年 12 月

# 目录 Contents

## 第一部分　课后习题与参考答案

## 第二部分 上 机 实 践

# 第一部分

# 课后习题与参考答案

# 第1章　Visual Basic概述

## 1.1　课后习题

一、选择题

1．以下（　　）为标准模块程序文件的扩展名。

A．.bas　　B．.cls　　C．.frm　　D．.res

2．以下说法正确的是（　　）。

A．窗体文件的扩展名为.frm

B．一个窗体可对应多个窗体文件

C．Visual Basic 中的一个工程只包含一个窗体

D．Visual Basic 中的一个工程最多可以包含 256 个窗体文件

3．Visual Basic 菜单中的“新建工程”命令是（　　）。

A．可以直接执行的命令　　B．通过对话框执行的命令

C．位于“编辑”菜单下　　D．快捷键为Ctrl+D

4．运行程序的快捷键为（　　）。

A．F10　　B．F4　　C．F5　　D．Ctrl

5．以下说法不正确的是（　　）。

A．标准模块附属于窗体

B．标准模块由程序代码组成

C．标准模块也称程序模块文件，扩展名为.bas

D．标准模块用来声明全局变量和定义一些通用的过程

6．以下可用于启动 Visual Basic 的方法是（　　）。

A．打开“我的电脑”，找到存放 Visual Basic 系统文件的硬盘及文件夹，双击 VB6.0EXE 图标

B．执行“开始”菜单中的“运行”命令，输入 Visual Basic 可执行文件的路径及文件名

C．利用“开始”菜单中的“程序”命令方式

D．以上选项均正确

7．以下为纯代码文件的是（　　）。

A．工程文件　　B．窗体文件

C．标准模块文件　　D．资源文件

8．以下说法不正确的是（　　）。

A．Visual Basic 是面向过程的编程语言

B．Visual Basic 是一种可视化编程工具

C．Visual Basic 是结构化程序设计语言

D．Visual Basic 采用事件驱动编程机制

9．Visual Basic 的窗体设计器主要用来（　　）。

A．建立用户界面　　B．设计窗体的布局

C．编写程序源代码　　D．添加图形、图像、数据等控件

10．以下说法错误的是（　　）。

A．用 Visual Basic 设计应用程序时，必须先设计窗体，再编写程序

B．工程资源管理器窗口顶部有 3 个按钮，分别为“查看代码”、“查看对象”和“切换文件夹”

C．工程资源管理器窗口包含工程文件、工程组文件、窗体文件、标准模块文件、类模块文件和资源文件

D．资源文件中存放的各种“资源”是一种可以同时存放文本、图片和声音等多种资源的文件，其扩展名.res 是一个纯文本文件。

11．（　　）文件也称程序模块文件，其扩展名为.bas。

A．窗体文件　　B．类模块文件

C．资源文件　　D．标准模块文件

12．以下为窗体文件扩展名的是（　　）。

A．.bas　　B．.cls　　C．.frm　　D．.res

13．工程组文件扩展名为（　　）。

A．.vbp　　B．.vbg　　C．.cls　　D．.bas

14．标准工具栏上，添加模块按钮对应（　　）图标。

A．　　B．　　C．　　D．

15．Visual Basic 集成的主窗口中包括（　　）。

A．标题栏　　B．工具栏

C．菜单栏　　D．以上3者全有

16．以下说法正确的是（　　）。

A．属性是对象的一部分　　B．方法是对象的一部分

C．事件是对象的一部分　　D．A、B都正确

17．Visual Basic 开发环境的标题栏上显示：Visual Basic[****]，其中****位置表示（　　）。

A．应用程序的大小　　B．应用程序的位置

C．应用程序的名称　　D．应用程序的状态

## 二、填空题

1．工具栏中的按钮的作用是：________________。

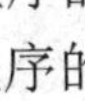

2．Visual Basic 分________、________、企业版 3 种版本。3 种版本中，________版包括另外两个版本的全部功能。

3．应用程序最终面向用户的窗口是____________，它对应于应用程序的运行结果。

4．属性窗口是针对________和________而设置的。

5．启动 Visual Basic 后，在窗体的左侧有一个用于应用程序界面设计的窗口，称作________。

三、简答题

1．运行 Visual Basic 6.0 需要的硬件环境是什么样的？

2．如何启动 Visual Basic 6.0？有哪几种方法？

3．Visual Basic 6.0 集成开发环境中有哪些常用窗口？它们的主要功能是什么？

4．如何使各个窗口显示与不显示？

5．如果集成开发环境中的某些窗口已被关闭，如何再将它们打开？

6．如何在工具箱中添加和删除扩展控件？

7．Visual Basic 6.0 有哪些主要特点？

8．工程资源管理器和属性面板各有哪些组成部分？它们的主要功能是什么？

## 1.2 参考答案

一、选择题

1～5：A A B C A　　6～10：D C D A A

11～17：D C A C D D D

二、填空题

1．打开菜单编辑器　　2．学习版　专业版　企业版

3．窗体设计器窗口　　4．窗体　控件

5．工具箱

三、简答题

略

# 第 2 章　简单的 Visual Basic 程序设计

## 2.1　课后习题

一、选择题

1．下面 4 项中不属于面向对象系统三要素的是（　　）。

A．变量　　B．事件　　C．属性　　D．方法

2．将调试通过的工程经“文件”菜单的“生成.exe 文件”命令编译成.exe 后，将该可执行文件转到其他机器上不能运行的主要原因是（　　）。

A．运行的机器上无VB系统所需的动态链接库

B．缺少.frm窗体文件

C．该可执行文件有病毒

D．以上原因都不对

3．在 VB 环境中，工程文件的扩展名是（　　）。

A．.frm　　B．.bas　　C．.vbp　　D．.frx

4．下面关于对象的描述中，错误的是（　　）。

A．对象就是自定义结构变量

B．对象代表正在创建的系统中的一个实体

C．对象是一个状态或操作的封装体

D．对象之间的信息传递是通过消息进行的

5．不论何对象，都具有（　　）属性。

A．Text　　B．Name　　C．ForeColor　　D．Caption

6．VB 预先设置好的，能够被对象识别的动作是（　　）。

A．方法　　B．事件　　C．对象　　D．属性

7．双击窗体中的对象后，VB 将显示的窗口是（　　）。

A．工具箱　　B．项目（工程）窗口

C．代码窗口　　D．属性窗口

8．修改控件属性，一般可以使用属性窗口，也可以通过（　　）为属性赋值。

A．命令　　B．对象　　C．方法　　D．代码

9．在 VB 6 中的每一个对象都具有自己的属性、（　　）和方法。

A．控件　　B．函数　　C．事件　　D．公用过程

10．要使窗体在运行时不可改变窗体的大小和没有最大化和最小化按钮，只要对下列（　　）属性设置即可。

A．MaxButton　　B．Borderstyle　　C．Width　　D．MinButton

11．当运行程序时，系统自动执行启动窗体的（　　）事件过程。

A．Load　　B．Click　　C．UnLoad　　D．MinButton

12．当对命令按钮的 Picture 属性装入.bmp 图形文件后，命令按钮上并没有显示所需的图形，原因是没有对某个属性设置为 1，该属性是（　　）。

A．MousePicture　　B．Style

C．DownPicture　　D．DisabledPicture

13．标签框所显示的内容，由（　　）属性值决定。

A．Text　　B．（名称）　　C．Caption　　D．Alignment

14．假定窗体上有一个标签，名为 Label1，为了使该标签透明并且没有边框，则正确的属性设置为（　　）。

A．Label1.BackStyle=0
Label1.BorderStyle=0

B．Label1.BackStyle=1
Label1.BorderStyle=1

C．Label1.BackStyle=True
Label1.BorderStyle=True

D．Label1.BackStyle=False
Label1.BorderStyle=False

15．窗体中有 3 个按钮 Command1、Command2 和 Command3，该程序的功能是当单击按钮 Command1 时，按钮 2 可用，按钮 3 不可见，正确的程序代码是（　　）。

A．
```
Private Sub Command1_Click( )
        Command2.Visible=True
        Command3.Visible=False
End Sub
```

B．
```
Private Sub Command1_Click( )
        Command2.Enabled=True
        Command3.Enabled=False
End Sub
```

C．
```
Private Sub Command1_Click( )
        Command2.Enable=True
        Command3.Visible=False
End
```

D．
```
Private Sub Command1_Click( )
        Command2.Enabled=False
        Command3.Visible=False
End Sub
```

## 二、简答题

1．什么是对象，什么是对象的属性、方法和事件？

2．什么是面向对象的程序设计？它的特点是什么？

3．一个工程可能包含哪些类型文件？

4．使用 Visual Basic 开发应用程序的一般步骤是什么？

5．怎么设置 VB 的 IDE 环境，使应用程序在设计中变量必须“先声明、后使用”？

6．要在命令按钮上添加图片应当设置什么属性？若已在规定的属性里装入某个图形文件，但按钮仍不能显示图形，应如何修改？

7．文本框和标签的主要区别是什么？

8．如何将文本框设置成多行文本框并使其显示垂直滚动条？

9．制作一个密码框，输入密码时只显示 # 号，密码的长度不得超过 16 个字符。

10．简述开发 VB 应用程序的一般步骤。

## 三、操作题

1．设计一个窗体，其中包含一个标签和两个命令按钮（标题分别为“欢迎使用”和“退出”），程序运行后，单击“欢迎使用”命令按钮，标签上显示“欢迎使用 Visual Basic 6.0！”字样；单击“退出”命令按钮，结束该应用程序的运行。

2．如图 1-2-1 所示，设计一个窗体，实现以下功能：

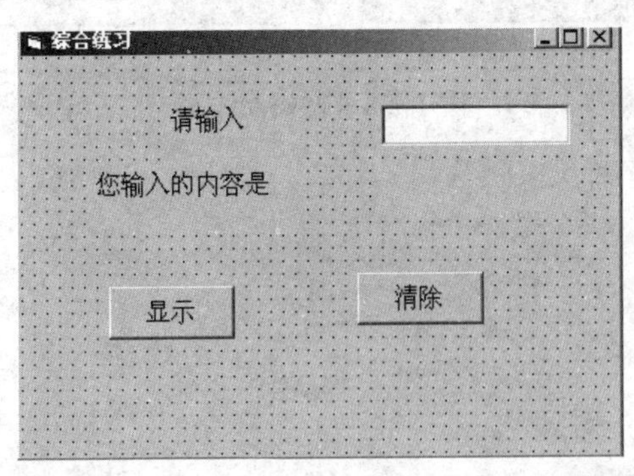


图 1-2-1　完成的设计窗体

（1）当在文本框内输入时，文本框显示的内容为“$”。

（2）单击“显示”按钮时，在文本框下的标签中显示文本框中所输入的内容。

（3）当单击“清除”按钮时，清除文本框和文本框下标签的内容。

3．用 Print 方法在窗体上显示文字，在窗体上放置 3 个命令按钮，标题如图 1-2-2 所示。单击【春晓】和【静夜思】按钮时，分别用 Print 方法在窗体上显示对应的唐诗；单击【清除】按钮时清除窗体上的文字。

4．用标签控件制作阴影文字，在窗体上放置两个标签，设置 Caption 属性均为【阴影文字】，字体和字号均相同，将前景色分别设置为深浅反差较大的颜色，将浅色前景色标签的背景样式设置为透明，位置居前。将两个标签错位叠加，即可制作出如图 1-2-3 所示的阴影文字。

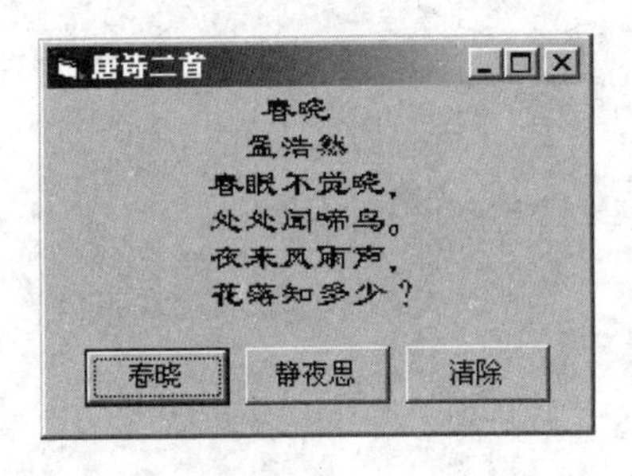

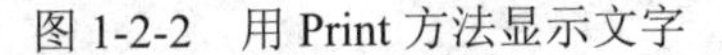

图 1-2-2　用 Print 方法显示文字

图 1-2-3　阴影文字

5．制作密码文本框。

在窗体上放置一个文本框，内容为空；添加一个标签和两个命令按钮，标题如图 1-2-4 所示。程序运行时在文本框中输入密码，单击【显示密码】按钮时，将密码显示为实际字符，单击【隐藏密码】按钮时，将密码显示为“*”号。

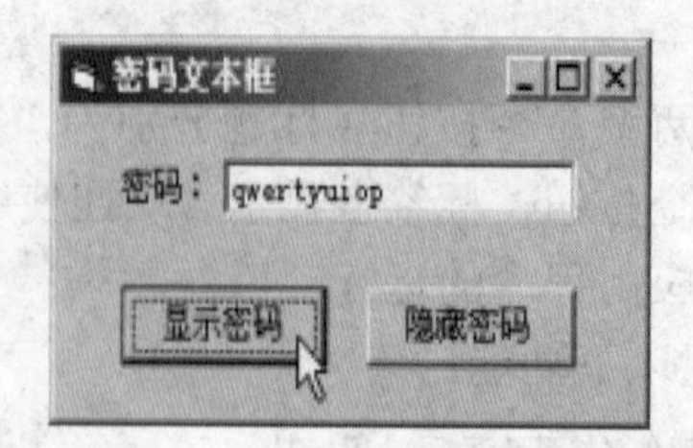


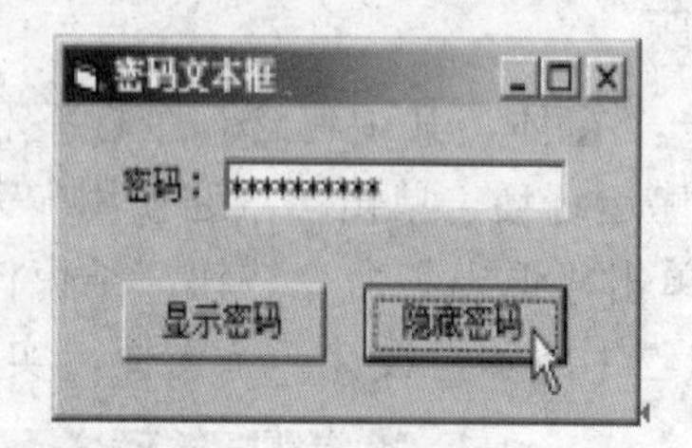


图 1-2-4　密码文本框

## 2.2　参考答案

### 一、选择题

1～5：A　A　C　D　B
6～10：B　C　D　C　B
11～15：A　B　C　A　C

### 二、简答题

略

### 三、操作题

略

# 第 3 章　Visual Basic 语言基础

## 3.1　课后习题

一、选择题

1．在 Visual Basic 中，为表示钱款而设置的数据类型是（　　）。

A．字节型　　B．货币型　　C．对象型　　D．布尔型

2．可在常数的后面加上类型说明符以强制表示常数的类型，用（　　）表示整型常数。

A．%　　B．#　　C．!　　D．$

3．Visual Basic 中的数值可以用十六进制或八进制表示，十六进制数以（　　）开头，八进制数以&O 开头。

A．$O　　B．&O　　C．$H　　D．&H

4．如果一个变量未经定义而直接使用，则该变量为（　　）类型的变量。

A．Variant　　B．String　　C．Currency　　D．Single

5．以下名项中，不是字符串常量的是（　　）。

A．""　　B．"5%成功率"　　C．"uiek"　　D．strBareFoot

6．下无符号常量的声明中，不合法的是（　　）。

A．Const a As Single=1　　B．Const a As Double=Sin(1)

C．Const a="OK"　　D．Const a$="12"

7．关于变量的说法不正确的是（　　）。

A．变量名的长度不能超过255个字符

B．变量名可以包含小数点

C．不能将Visual Basic的保留字用作变量名

D．变量名的第一个字符必须是字母

8．以下各项可以作为 Visual Basic 的变量名的是（　　）。

A．Bare_Foot　　B．52Heel　　C．Silk-Leg　　D．High Heel

9．变量定义语句：Dim max，min As Single，则可知变量 max 的类型是（　　）。

A．单精度型　　B．双精度型　　C．变体类型　　D．字符串型

10．根据变量的作用域，可以将变量分为 3 类，它们是（　　）。

A．局部变量、模块级变量和标准变量　　B．局部变量、标准级变量和全局变量

C．局部变量、模块级变量和窗体变量　　D．局部变量、模块级变量和全局变量

11．VB 中提供了强制用户对变量进行显式声明的措施，可以加入的语句是（　　）。

A．Option Base 1　　B．Option Explicit

C．Option Explicit1　　D．Option Base

12．P 的值为−3 时，−P^2 的值是：（　　）。

A．6　　B．−6　　C．9　　D．−9

13．用 $a$，$b$，$c$ 表示三角形的 3 条边，条件“三角形任意两边之和大于第三边”的逻辑表达式可以用（　　）表示。

A．$a + b > c$ And $a + c > b$ And $b + c > a$　　B．$a + b < c$ Or $a + c < b$ Or $b + c < a$

C．$a + b > c$ Or $a + c > b$ Or $b + c > a$　　D．Not ($a + b < c$ Or $a + c < b$ Or $b + c < a$)

14．一元二次方程 $aX^2+bX+c=0$ 有实根的条件是 $a\neq0$，且 $b^2-4ac\geqslant0$，正确表示该条件的布尔表达式是（　　）。

A．$a <> 0$ And $b^2-4ac>= 0$　　B．$a <> 0$ And $b\ b - 4\ a\ c >= 0$

C．$a <> 0$ And $b * b - 4 * a * c >= 0$　　D．$a <> 0$ And $b * b - 4 * a * c\ \geqslant0$

15．以下关于运算符的说法中，错误的是（　　）。

A．括号可以改变运算符的运算顺序

B．通常不允许两个运算符相连，两个运算符应当用括号隔开

C．在表达式中只能用圆括号，不能使用方括号和花括号

D．表达式中的乘号“*”可以省略，但不能用符号“×”代替

16．以下表达式中，（　　）是 Visual Basic 中合法的函数。

A．Exp(y)　　B．SinX　　C．Cos[X]　　D．val.Text1.Text

17．表达式 Left(“Mike Like Girl’s silk feet”, 3)的值是（　　）。

A．”Mike”　　B．”Mik”

C．” Mike Like Girl’s”　　D．” e Like Girl’s silk feet”

18．表达式 IntStr(“阳光照耀着微风的水面，显得风和日丽”, “微风”)的值是（　　）。

A．5　　B．6　　C．10　　D．12

19．求一个 3 位正整数 $N$ 的十位数的正确方法是（　　）。

A．$N$−Int($N$/100)100　　B．Int($N$/10)−Int($N$/100)

C．Int($N$/10)−Int($N$/100)10　　D．Int($N$−Int($N$/100)100)

20．表达式 Abs(−9.5)+Len(“Silk”)的值是（　　）。

A．9.5　　B．13.5　　C．9.5Silk　　D．−5.5

21．表达式 Mid(“I Love silk foot”, 4 ,2)的值是（　　）。

A．silk　　B．foot　　C．ov　　D．ve

22．表达式 Val(“week2000”+“400”)的值是（　　）。

A．2400　　B．2000400　　C．0　　D．week2000400

23．表达式 Val(“562Heel”+“200”) 的值是（　　）。

A．562　　B．762　　C．200　　D．562Heel200

24．表达式 Val(“562Heel”)+val(“200”) 的值是（　　）。

A．562　　B．762　　C．200　　D．562Heel200

25．函数 Format$(124.60,”000,000.0”)的值是（　　）。

A．000，124.60　　B．124.60　　C．124.6　　D．000，124.6

26．可以同时删除字符串前面和尾部空格的函数是（　　）。

A．Trim　　B．Rtrim　　C．Mid　　D．Ltrim

27．有以下过程：

```
Private Sub Command1_Click()
   Dim R As Single, S As Single
   Const Pi = 3.1415926
   R = InputBox("请输入半径：")
   S = Pi * R ^ 2
   Print "圆面积="; S
End Sub
```

下列说法不正确的是（　　）。

A．在使用Const语句时，只可以放在过程的内部使用

B．Pi是一个符号常量

C．Pi在该过程内有效

D．Const语句可以放在程序的不同位置

28．有以下过程：

```
Private Sub Command1_Click()
   Static X As Integer
   X = X + 1
   Print X; "";
End Sub
```

这是建立了一个命令按钮的单击事件过程，单击 6 次按钮后输出的结果是（　　）。

A．1　　B．5　　C．6　　D．不能确定的值

29．以下关于函数调用的说法中，错误的是（　　）。

A．作为内部函数参数的表达式的值不受计算过程的影响

B．函数以表达式形式调用

C．若有多个参数，以分号隔开

D．内部函数的计算过程只是访问它们

30．若有下列表达式，执行后，输出的结果是（　　）。

```
Dim MyDouble As Double, MyInt As Integer, MyString As String
   MyDouble = 2345.5678
   MyInt = CInt(MyDouble)
   MyString = Str(MyInt)
   Print MyString
End Sub
```

A．2345　　B．“2345”　　C．“2346”　　D．2346

31．函数 Int(Rnd(0)11)+10 的值的范围是（　　）。

A．[10，20]　　B．[0，20]　　C．[10，21]　　D．[10，11]

32．VB 中变量定义后会有默认值，数值型的默认值是 0，字符串型变量是（　　）。

A．0　　B．空串（“”）　　C．Null　　D．没有任何值

## 二、填空题

1．用户可以用__________语句定义自己的数据类型。

2．表达式 Right(“The work is troublesome”, 3)的值是：__________。

3．可以用__________语句来定义符号常量。

4．在 Visual Basic 中，取模运算的运算符是：__________。

5．表达式“1” & “89”的值是：__________，表达式 1＋89 的值是：__________。

6．执行 MyNumber=Abs(−50.3)后，MyNumber 的值是：__________。

7．执行 MyNumber=Int(−89.67)后，MyNumber 的值是：__________。

8．执行语句：Print 5 > 2 Or 8 < 3 的结果是：__________。

9．Visual Basic 提供的另外一种程序执行方式是直接方式，直接方式在立即窗口中执行，若窗口中语句前为问号“？”，那么“？”是命令__________的缩写。

10．Visual Basic 中的变量、过程等名字只能由字母、数字和__________组成。

## 三、简答题

1．下列哪些符号是合法的变量名？

VB258、Sgn、88Ai、A＼B、取消、Visual Basic

2．VB 定义了哪几种数据类型，变量有哪几种数据类型，常量又有哪几种数据类型？

3．计算下列表达式的值。

（1）6>8

（2）21 / 2

（3）17＼5

（4）9.8 Mod 5*2

（5）True Xor Not 10

（6）8=6 And 8<6

（7）Not 3>1 Imp 1<2

（8）#5 / 5 / 2004#-5

（9）"Sum" & 2008

（10）"BG"+"287"

4．求出下列函数的值。

（1）Len("Hello，黑龙江省鸡西大学! ")

（2）Right("9238765"，3)

（3）Ltrim(" 6982")

（4）String（3，"Good")

（5）InStr(2，"asdfasdf"，"as")

（6）Chr("76")

（7）Fix(15.86)

（8）LCase("4578efda")

（9）Str(23.45678)

（10）Month(#12 / 4 / 2008#)

（11）Year(#12-08—08#)

5．对于没有赋初值的变量，系统默认的值是什么？

6．下列符号哪些是常量，哪些是变量？

123、PI、True、“正确”、Good、8!、6e-5

7．写出要产生下列随机数，所需的表达式。

（1）产生一个在区间(0，20)内的随机数；

（2）产生一个在区间[40，65]上的随机整数；

（3）产生一个两位的随机整数；

（4）产生 C～K 内的随机字母。

8．设 Y 是一个正实数，对 Y 的第四位小数四舍五入，应该怎样实现？

## 3.2　参考答案

### 一、选择题

1～5：B　A　D　A　D　　　　6～10：B　B　A　C　D

11～15：B　D　A　C　D　　　16～20：A　B　B　C　B

21～25：C　C　B　B　D　　　26～32：A　A　C　C　D　C　B

### 二、填空题

1．Type　　2．Ome　　3．Const　　4．Mod　　5．189　90

6．50.3　　7．-90　　8．True　　9．Print　　10．下画线

### 三、简答题

略

# 第4章　控制结构

## 4.1　课后习题

一、选择题

1．运行下列程序段之后，在弹出的对话框中依次输入 5、8，单击“确定”按钮后，窗体上显示的结果为（　　）。

```
Private Sub Command1_Click()
a=InputBox("请输入第一个数")
b= InputBox("请输入第二个数")
If a<b Then Print a; "<"; b Else Print a; ">"; b
End sub
```

A．5 < 8　　B．8 > 5　　C．8　　D．5

2．下面语句正确的是（　　）。

A．If $X$ ≠ $Y$ Print "$X$不等于$Y$"

B．If $X$ <> $Y$ Print "$X$不等于$Y$"

C．If $X$ ！＝$Y$ Then Print "$X$不等于$Y$"

D．If $X$ >< $Y$ Then Print "$X$不等于$Y$"

3．交换两个变量中的值，下面语句正确的是（　　）。

A．If $A$ >= $B$ Then $T = A$: $A = B$: $B = T$

B．If $A$ >= $B$ Then $T = A$　$A = B$　$B = T$

C．If $A \geqslant B$ Then $T = A$: $A = B$: $B = T$

D．If $A$ >= $B$ Then $T = A$; $A = B$; $B = T$

4．下面语句正确的是（　　）。

A．If $X < 3 * Y$ And $X > Y$ Then $Y = X \wedge 3$

B．If $X < 3 * Y$ ：　$X > Y$ Then $Y = X \wedge 3$

C．If $X < 3 * Y$ ；　$X > Y$ Then $Y = X \wedge 3$

D．If $X < 3 * Y$ And $X > Y$　$Y = X \wedge 3$

5．下面程序段（　　）能够正确实现目的：如果 $A<B$，则 $A=5$，否则 $A=-5$。

A．
```
If A < B Then
        A = 5: Print A
Else
        A = -5: Print A
```

B．
```
If A < B Then A = 5
        A = 5
Print A
End If
```

C. If $A < B$ Then $A$=5
　　$A$ = 5
　Print $A$

D. If $A < B$ Then $A$ = 5 Else $A$ = −5
　Print $A$

6. 下列程序段的执行结果为（　　）。

```
X = 8
Y = -5
If Not X > 0 Then X = Y - 3 Else Y = X + 3
Print X - Y; Y - X
```

A. 13　−3　　B. 5　−8　　C. −3　3　　D. 25　−25

7. 下列程序段的执行结果为（　　）。

```
A = 85
If A > 60 Then I = 1
If A > 70 Then I = 2
If A > 80 Then I = 3
If A > 90 Then I = 4
Print "I="; I
```

A. I=1　　B. I=2　　C. I=3　　D. I=4

8. 下列程序段的执行结果为（　　）。

```
Private Sub Command1_Click()
   A = 2: B = 1
   Select Case A
   Case 1
      Select Case B
      Case 0
         Print "****"
      Case 1
         Print "####"
      End Select
   Case 2
      Print "@@@@"
   End Select
End Sub
```

A. ****　　B. ####　　C. @@@@　　D. ****<br>####

9. 下列程序段的执行结果为（　　）。

```
Y = Int(Rnd(3) + 2)
Select Case Y
Case 5
   Print "*****"
Case 4
   Print "****"
Case 3
```

```
    Print "***"
Case Else
    Print "*"
End Select
```

A. *****　　B. ****　　C. ***　　D. *

10. 下列程序段的执行结果为（　　）。

```
Private Sub Command1_Click()
    X = 8
    For K = 1 To -1 Step -3
        X = X + K
    Next K
    Print K; X
End Sub
```

A. -2　9　　B. -2　8　　C. 1　8　　D. 1　9

11. 下列程序段的执行结果为（　　）。

```
X = 1: Y = 2
For I = 1 To 3
    F = X + Y
    X = Y
    Y = F
    Print F;
Next I
```

A. -3　5　8　　B. 3　3　3　　C. 5　8　13　　D. 3　5　5

12. 下列程序段的执行结果为（　　）。

```
I = 2: A = 6
Do
    I = I + 1
    A = A - 1
Loop Until I >= 5
Print "I="; I
Print "A="; A
```

A. I=5<br>A=3　　B. I=6<br>A=2　　C. I=5<br>A=2　　D. I=6<br>A=3

13. 下列程序段的执行结果为（　　）。

```
a = 1: b = 0
Do
    a = a + b
    b = b + 1
Loop While b < 5
Print a; b
```

A. 11　5　　B. 16　6　　C. a　b　　D. 10　30

14．假定有以下循环结构

Do Until 条件
　　循环语句
Loop

则正确的描述是（　　）。

A．如果“条件”是一个为0的常数，则至少执行一次循环体。

B．如果“条件”是一个为0的常数，则一次循环体也不执行。

C．如果“条件”是一个不为0的常数，则至少执行一次循环体。

D．不论“条件”是否为“真”，至少要执行一次循环体。

15．假定有以下程序段：

```
For i = 1 To 2
   For j = 3 To 1 Step -1
      Print i * j
Next j, i
```

则语句 Print i * j 执行的次数是（　　）。

A．5　　B．6　　C．7　　D．8

16．下列程序段的执行结果为：________。

```
a = 1: b = 4
Do Until Y > 4
   Y = a * b
   b = b + 1
Loop
Print a
```

A．1　　B．4　　C．8　　D．20

17．下列程序段的执行结果为（　　）。

```
a = 0
While a <= 2
   a = a + 1
   Print a
Wend
```

| A． | B． | C． | D． |
|---|---|---|---|
| 3 | 1 | 1 | 1 |
|  | 2 | 2 | 2 |
|  | 3 |  | 3 |
|  |  |  | 4 |

18．有下列程序段

```
a = 1
Do
   a = a + 2
   Print a
Loop Until _______
```

程序运行后，要求执行 4 次循环体，空白处应该填写的语句是（　　）。

A. A>9　　B. a<9　　C. A≥9　　D. a≤9

19. 下列程序段的循环次数是（　　），执行结果是（　　）。

```
a = 1
Do While a <= 10
   a = a + 1
Loop
Print a
```

A. 11　11　　B. 10　10　　C. 10　11　　D. 11　10

20. 在窗体上绘制一个命令按钮，然后编写如下事件过程：

```
s = 0
For i = 1 To 2
   For j = 1 To 4
      If j Mod 2 <> 0 Then
         s = s + 1
      End If
      s = s + 1
   Next j
Next i
Print s
```

程序执行后，单击命令按钮，输出结果是（　　）。

A. 10　　B. 11　　C. 12　　D. 13

## 二、填空题

1. 单击使命按钮执行以下程序，在弹出的对话框中输入 10，单击“确定”后，在窗体上输出________。

```
      Private Sub Command1_Click()
   Dim X As Single, Y As Integer
   X = InputBox("输入一个数")
   X = CInt(X)
   Select Case X
      Case Is <= 1
         Y = 1
      Case Is <= 15
         Y = X * 3 + 1
      Case Is <= 20
         Y = X ^ 2
      Case Is > 20
         Y = 1
      End Select
      Print Y
End Sub
```

2．有以下循环：

```
Private Sub Command1_Click()
    Dim X As Single: X = 1
    X=1
    Do
        X = X + 1
        MsgBox "X=" & X
    Loop Until ________。
End Sub
```

程序运行要求执行 5 次循环体，填写程序中的空白处，使程序完整。

3．以下循环的执行次数是________。

```
Private Sub Command1_Click()
    Dim X As Single: X = 1
    Do While X <= 8
        X = X + 2
    Loop
End Sub
```

4．阅读以下程序：

```
Private Sub Command1_Click()
    Dim K As Integer, A As Integer, B As Integer
    A = 20: B = 2: K = 2
    Do While K < A
        B = B * 2: K = K + 7
    Loop
    Print B
End Sub
```

程序运行后，单击命令按钮，输出的结果是：________。

5．有如下程序，单击命令按钮后，输出结果是：________。

```
Private Sub Command1_Click()
    Dim I As Integer, J As Integer, K As Integer
    For I = 1 To 3
        For J = 1 To 5
            If J Mod 2 <> 0 Then
                K = K + 1
            End If
            K = K + 1
        Next J
    Next I
    Print K
End Sub
```

6．以下程序是判断一个整数是否是素数（只能被 1 和自己整除），填写程序中空白使其完整。

```
Private Sub Command1_Click()
    Dim IntN As Integer, I As Integer, K As Integer, Swit As Boolean
    IntN = InputBox("请输入一个整数（>=3）")
    K = Int(Sqr(n))
    I = 2
    While I <= K And Swit = False
        If _____ Then
            Swit = True
        Else
            __________。
        End If
    Wend
    If Swit = False Then
        Print n; "是一个素数"
    Else
        Print n; "不是一个素数"
    End If
End Sub
```

三、简答与编程

1．从键盘输入 3 个不同的数，将它们从大到小排序。

2．从键盘输入($a$、$b$、$c$)3 个值，判断它们能否构成三角形的 3 条边。如能构成三角形，则计算三角形的面积。

3．编写程序，任意输入一个整数，判断该数的奇偶性。

4．输出 3～100 之间的所有奇数，奇数之和。

5．输出 100～200 之间不能被 3 整除的数。

6．编写程序，通过文本框输入自然数 $n$，计算 n!。

7．设计程序，求出 $s$=l+(1+2)+(1+2+3)+…+(1+2+3+…+$n$)的值。

## 4.2 参考答案

一、选择题

1～5：A D A A D　　6～10：C C C D A

11～15：D A A A B　　16～20：D B C C C

二、填空题

1．31　2．X<6　3．4　4．16　5．24　6．N Mod I=0、I=I+1

三、简答与编程

1．参考代码：

```
Private Sub Command1_Click()
    a = Val(InputBox("请输入第一个数", "输入"))
```

```
    b = Val(InputBox("请输入第二个数", "输入"))
    c = Val(InputBox("请输入第三个数", "输入"))
    s = IIf(a > b, a, b)
    d = IIf(s > c, s, c)
    t = IIf(a < b, a, b)
    x = IIf(t < c, t, c)
    z = a + b + c - d - x
    Print d & ">" & z & ">" & x
End Sub
```

2. 参考代码：

```
Private Sub Command1_Click()
    Dim a%, b%, c%, t%, p!, s!
    a = InputBox("请输入第一个数字", "输入")
    b = InputBox("请输入第二个数字", "输入")
    c = InputBox("请输入第三个数字", "输入")
    If a > b Then '先给三个数字排序,以便进行海伦公式
    t = a
    a = b
    b = t
    End If
    If a > c Then
    t = a
    a = c
    c = t
    End If
    If b > c Then
    t = b
    b = c
    c = t
    End If
    If b + c > a And c - b < a Then '判断能否构成三角形
    p = (a + b + c) / 2
    s = Sqr(p * (p - a) * (p - b) * (p - c))
    Print "能构成三角形,它的面积是"; s
    Else
    Print "三个数中最大的数是"; c
    End If
End Sub
```

或者：

```
Private Sub Command1_Click()
  Dim a!, b!, c!, s!, area!
  a = InputBox("输入三角形边 a")
  b = InputBox("输入三角形边 b")
  c = InputBox("输入三角形边 c")
  If a = b And b = c Then
    Print "是等边三角形"
```

```
  ElseIf a = c Or b = c Or a = b Then
    Print "是等腰三角形"
  ElseIf a ^ 2 + b ^ 2 = c ^ 2 Or a ^ 2 + c ^ 2 = b ^ 2 Or c ^ 2 + b ^ 2 =
a ^ 2 Then
    Print "是直角三角形"
  Else
    Print "是任意三角形"
  End If
  s = (a + b + c) / 2
  area = Sqr(s * (s - a) * (s - b) * (s - c))
  Print "面积="; area
End Sub
```

3. 参考代码：

```
Private Sub Command1_Click()
   Dim a%
   a = InputBox("请输入第一个数字", "输入")
   If a Mod 2 = 0 Then
      Print a & "是偶数"
   Else
      Print a & "是奇数"
   End If
End Sub
```

4. 参考代码：

```
Private Sub Command1_Click()
   Dim i As Integer, sum As Integer
   For i = 3 To 100
      If i Mod 2 = 0 Then
         sum = sum + i
      End If
   Next i
   Print sum
End Sub
```

5. 参考代码：

```
Private Sub Command1_Click()
   Dim i As Integer, k As Integer
      For i = 100 To 300
      If i Mod 3 <> 0 Then
         Print i;
         k = k + 1
         If k Mod 5 = 0 Then
            Print
         End If
      End If
```

```
    Next i
End Sub
```

6. 参考代码：

```
Private Sub Command1_Click()
    Dim i As Integer, a As Integer, jc As Long
    jc = 1
    a = Val(Text1.Text)
    For i = 1 To a
        jc = jc * i
    Next i
    Print a & "阶乘是： " & jc
End Sub
```

7. 参考代码：

```
Private Sub Command1_Click()
    Dim i As Integer, a As Integer, jc As Long, sum As Long
    jc = 1
    a = Val(Text1.Text)
    For i = 1 To a
        jc = jc * i
        sum = sum + jc
    Next i
    Print "1 到" & a & "之间的阶乘和： " & sum
End Sub
```

# 第5章 数　组

## 5.1 课后习题

一、填空题

1. 用 Dim 声明数组时，默认情况下，数组下界为______，如果需要数组下界为 1，可以在通用声明中，使用______________选项加以说明。

2. 使用 Redim 语句______________改变数组类型，在 Redim 语句中加了 Preserve 关键字，对重定义数组的限制是______________。

3. 控件数组一经建立，每个控件数组元素通过______________唯一确定。第 1 个控件数组元素的索引号为______________。

4. 利用 Array 函数给数组元素输入初值，类型为______________类型。

5. 可以利用函数______________及______________分别求出数组的上、下界。

6. 控件数组是由一组__________相同的控件组成的，它们具有一个共同的______，相同的______________，而且它们实现的功能基本相似。

二、选择题

1. 下列哪一个声明的数组不是动态数组（　　）。

　A．Dim X()　　　　　　B．Dim X(8)

　C．ReDim X(8)　　　　　D．ReDim Preserve X(8)

2. 动态数组的主要作用是（　　）。

　A．可以改变数组的容量　　　B．可以改变数组的维数

　C．可以改变数组的容量及维数　　D．不用声明数组的容量就可以使用

3. 以下（　　）是 VisualBasic 合法的数组元素表示。

　A．X[10]　　B．X(I+1)　　C．X10　　D．X(1 to 10)

4. 使用数组声明语句 Dim Y(1 To 12)As Integer 后，以下说法正确的是（　　）。

　A．Y数组中的所有元素值均为0

　B．Y数组中的所有元素值不确定

　C．Y数组中的所有元素值均为Empty

　D．执行Erase Y后，Y数组中的所有元素值均为0

5. 使用 Array 函数给某 x 赋值时，x 必须是（　　）。

　A．已经声明的静态数组

　B．Variant类型变量

　C．已经声明的动态数组且该动态数组的类型为Variant

D．已经声明的动态数组

6．以下程序代码中，只能是（　　）。

```
Dim X(10)As Integer
……
For Each A In X
Print A;
Next A
```

A．Variant变量　　B．已声明的动态数组

C．已声明的静态数组　　D．整型变量

7. 用复制、粘贴的方法建立一个命令按钮数组 Commandl，以下说法错误的是（　　）。

A．该控件数组的所有Caption属性均为Commandl

B．在代码中访问其中的命令按钮时只需使用名称Commandl

C．该控件数组的大小相同

D．该命令按钮数组共享相同的事件过程

8．下列程序段的输出结果是（　　）。

```
Dim A(5) As Integer, i As Integer, M As Integer
For i = 0 To 4
  A(i) = i + 1
  M = i + 1
  If M = 3 Then
  A(M - 1) = A(i - 2)
  Else: A(M) = A(i)
  End If
  If i = 3 Then A(i + 1) = A(M - 4)
  Print A(i);
Next i
```

A. 1 1 1 2 2　　B. 2 1 1 4 4　　C. 1 2 1 4 5　　D. 2 2 1 4 1

9．以下属于合法 Visual Basic 数组元素的是（　　）。

A．X7　　B．X[5]　　C．X　　D．X(0)

10．下面的数组声明语句中，正确的是：（　　）。

A．Dim A[3，4] As Integer　　B．Dim A(3，4) As Integer

C．Dim A[3．4] As Integer　　D．Dim A(3；4) As Integer

11．设有如下声明语句：

```
Option Base 0
Dim B(-1 To 5, 2 To 4, 6) As Integer
```

则数组 B 中全部元素的个数为（　　）。

A．72　　B．126　　C．147　　D．256

12．如果在定义数组时没有指定数组的类型，则定义的是默认数组，其类型默认为（　　）。

A．Integer　　B．Variant　　C．Auto　　D．String

13．命令按钮中有如下代码，运行单击命令按钮，输出结果是（　　）。

```
Option Base 1
Private Sub Command1_Click()
   Dim A(10), P(3) As Integer, K As Integer, I As Integer
   K = 5
   For I = 1 To 10
      A(I) = I
   Next I
   For I = 1 To 3
      P(I) = A(I * I)
   Next I
   For I = 1 To 3
      K = K + P(I) * 2
   Next I
   Print K
End Sub
```

A．28　　B．33　　C．35　　D．37

14．一个命令按钮中编写了如下代码，运行后单击命令按钮，输出结果是（　　）。

```
Option Base 1
Private Sub Command1_Click()
   Dim A, I As Integer, J As Integer, S As Long
   A = Array(1, 2, 3, 4)
   J = 1
   For I = 4 To 1 Step -1
      S = S + A(I) * J
      J = J * 10
   Next I
   Print S
End Sub
```

A．1234　　B．4321　　C．12　　D．34

15．一个命令按钮中编写了如下代码，运行后单击命令按钮，输出结果是（　　）。

```
Option Base 1
Private Sub Command1_Click()
   Dim M(10) As Integer, K As Integer, x As Integer
   For K = 1 To 10
      M(K) = 12 - K
   Next K
   x = 6
   Print M(2 + M(x))
End Sub
```

A．2　　B．3　　C．4　　D．5

16．关于 Array()函数，下列说法不正确的是（　　）。

A．使用Array()函数可以使数组在程序运行之前初始化

B．使用Array()函数可以使数组在程序运行之后初始化

C．Array()函数只适用于一维数组

D．语句Num=Array(1,2,3,4)所表达的意思是把1、2、3、4这4个数赋给数组Num的各个元素。

17．控件数组建立后，只要改变一个控件的 Name 属性值，并把（　　）属性设置为空，就能把该控件从控件数组中删除。

A．Caption　　B．Enable　　C．Index　　D．Visible

18．以下说法不正确的是（　　）。

A．使用Redim语句可以改变数组的类型

B．使用Redim语句可以改变数组的维数

C．使用Redim语句可以改变数组的每一维的大小

D．使用Redim语句可以对数组中的所有元素进行重新赋值

19．下列程序段的执行结果是（　　）。

```
Option Base 1
Private Sub Command1_Click()
   Dim M(9) As Integer, I As Integer
   For I = 1 To 9
      M(I) = M(I - 1) + I
   Next I
   Print M(5)
End Sub
```

A．10　　B．14　　C．15　　D．20

20．下列程序段的执行结果为（　　）。

```
Private Sub Command1_Click()
   Dim M(2) As Integer, I As Integer, J As Integer
   For I = 1 To 2
      For J = 1 To 2
         M(J) = M(I) + 1
      Next J
      Print M(J - 1)
   Next I
End Sub
```

A．2　3　　B．1　3　　C．1　2　　D．0　3

21．下列程序段的执行结果为（　　）。

```
Private Sub Command1_Click()
   Dim A(5, 6) As Integer, I As Integer, J As Integer
   For I = 1 To 3
      For J = 1 To 4
         A(I, J) = I - J
      Next J
   Next I
   For I = 1 To 2
      For J = 1 To 3
```

```
            Print A(J, I)
        Next J
    Next I
End Sub
```

A. 0　1　　　　　　　　　　　　　B. −1　−2　1　0　−1

C. 0　−1　　　　　　　　　　　　D. 0　1　2　−1　0　1

22. 下列程序段的执行结果为（　　）。

```
Private Sub Command1_Click()
    Dim A(10, 10) As Integer, I As Integer, J As Integer
    For I = 4 To 5
        For J = 2 To 4
            A(I, J) = I * J
        Next J
    Next I
    Print A(4, 3) + A(5, 4)
End Sub
```

A. 22　　　　B. 32　　　　C. 42　　　　D. 52

23. 下列程序段的执行结果为（　　）。

```
Private Sub Command1_Click()
    Dim X(3, 5) As Integer, I As Integer, J As Integer
    For I = 1 To 3
        For J = 1 To 5
            X(I, J) = X(I - 1, J - 1) + I + J
        Next J
    Next I
    Print X(3, 3)
End Sub
```

A. 9　　　　B. 12　　　　C. 15　　　　D. 21

## 三、程序阅读

1. 写出下列程序段的功能：________________。

```
Dim A(1 To 10) As Integer
些处对数组A(1 To 10)赋值，代码略。
Private Sub Command1_Click()
    Dim Min As Integer, MinIndex As Integer
    Min = A(1): MinIndex = 1
    For i = 2 To 10
        If A(i) < Min Then
            Min = A(i)
            MinIndex = i
        End If
    Next i
End Sub
```

2．下面程序段是选择排序的思想，对已知数组中的几个数，有选择地按递增顺序排序，填空完成程序。

已知定义了一维数组 A，有 n 的元素

```
Private Sub Command1_Click()
   Dim iMax As Integer, I As Integer, J As Integer, T As Single
   For I = 0 To N - 1
      iMax = I
      For J = I + 1 To N
         If A(J) < A(iMax) Then ______________________________
      Next J
      ____________
      A(I) = A(iMax)
      A(iMax) = T
   Next I
End Sub
```

3．命令按钮中有如下代码，程序运行后，单击命令按钮，输出结果是：______。

```
Private Sub Command1_Click()
   Dim A(5, 5)
   For I = 1 To 4
      For J = 1 To 2
         A(I, J) = I * J
      Next J
   Next I
   For N = 1 To 2
      For M = 1 To 2
         Print A(N, M)
      Next
   Next
End Sub
```

4．命令按钮中有如下代码，程序运行后，单击命令按钮，输出结果是：________。

```
Private Sub Command1_Click()
   Dim M(10) As Integer, K As Integer, X As Integer
   For K = 1 To 10
      M(K) = 10 - K
   Next K
   X = 3
   Print M(2 + M(X))
End Sub
```

5．从键盘上输入 10 个数，用冒泡排序法对这 10 个数从小到大排序，填空完成程序。

```
Private Sub Command1_Click()
   Static Number(1 To 10) As Single, T As Single, I As Integer, J As Integer
   For I = 1 To 10
      Number(I) = InputBox("输入数据", "冒泡排序")
   Next I
```

```
    For I = 10 To 2 Step -1
        For J = 1 To I - 1
            If ____________________ Then
                T = Number(J + 1)
                Number(J + 1) = Number(J)
                Number(J) = T
            End If
        Next J
    Next I
    For I = 1 To 10
        Print Number(I);
    Next I
End Sub
```

## 四、编程题

1. 输入一个日期，计算这一天是一年的第几天。（提示：每个月的天数可以用一个整数组保存）。

2. 编程将一个字符串翻转，如字符串“ABCDEFGHIJK”翻转为“KJIHGFEDCBA”。

3. 编写一个程序，统计 10 位评委对 20 名参赛歌手的成绩。评分规则为：去掉一个最高分和一个最低分，然后计算余下评委的平均分作为参赛歌手的最终成绩。

4. 编写一个程序，完成打印九九乘法表的功能。

5. 编程将 10 个随机整数进行排序。

6. 编程求 100 以内的素数。

7. 杨辉三角形的每一行是 $(x+y)^n$ 的展开式的各项的系数，例如第 1 行是 $(x+y)^0$，其系数为 1；第 2 行是 $(x+y)^1$，其系数为 1，1；第 3 行是 $(x+y)^2$，其展开式为 $x^2+2xy+y^2$，系数分别为 1，2，1；……，一般形式如下：

```
    1
    1    1
    1    2    1
    1    3    3    1
    1    4    6    4    1
1   5   10   10   5   1
```

分析上面的形式，可以找出规律：对角线和每行的第 1 列均为 1；其余各项是它的上一行中前一个元素和上一行的同一列元素之和。例如第 4 行第 3 列的值为 3，它是第 3 行第 2 列与第 3 列元素之和，可以一般地表示为：

$a(\mathrm{i},\mathrm{j})=a(\mathrm{i}-1,\mathrm{j}-1)+a(\mathrm{i}-1,\mathrm{j})$

请编写程序，输出 $n$=10 的杨辉三角形。

## 5.2　参考答案

### 一、填空题

1．0　Option Base 1　2．不能　保留数组中原有的值　3．Index　0　4．变体型　5．Ubound　Lbound　6．名称　名称

### 二、选择题

1～5：B　A　D　A　C　　6～10：A　C　C　D　B

11～15：C　B　B　A　C　　16～23：B　C　A　C　A　D　B　B

### 三、程序阅读

1．求数组 A(i)的最小值及其相应下标

2．T = A(J): A(J) = A(iMax): A(iMax) = T　　T=A(I)

3．1　2　2　4

4．1

5．Number(J)>Number(J+1)

### 四、编程题

1．参考代码：

```
Dim month(1 To 12) As Integer
Private Sub Command1_Click()
   Dim temp As String
   Dim md() As String
   temp = InputBox("请输入月和日,月和日之间请用一个空格隔开……")
   If temp <> "" Then
      md = Split(Trim(temp), " ")
   If UBound(md) < 1 Then
      MsgBox "格式错误,您没输入月份或者日期,月份和日期间请用一个逗号隔开",
vbExclamation, "格式错误"
      Exit Sub
   End If
      If Int(md(0)) < 1 Or Int(md(0)) > 12 Or Int(md(1)) < 0 Or Int(md(1)) >
31 Then
      MsgBox "月份或者日期不符合实际!", vbExclamation, "数据不合法"
      Exit Sub
   End If
      MsgBox "这是一年中的第 " & (month(Int(md(0))) + Int(md(1)))&"天"
   End If
End Sub
Private Sub Form_Load()
month(1) = 0: month(2) = 31: month(3) = 59: month(4) = 90
```

```
month(5) = 120: month(6) = 151: month(7) = 181: month(8) = 212
month(9) = 243: month(10) = 273: month(11) = 304: month(12) = 334
End Sub
```

2. 参考代码：

```
Private Sub Command1_Click()
    Dim i As Integer
    Text1.Text = ""
    Text2.Text = ""
    s = Text1.Text
    For i = 1 To Len(s)
        Text2.Text = Mid(s, i, 1) & Text2.Text
    Next i
End Sub
```

3. 略

4. 参考代码：

```
Private Sub Form_Click()
    Dim se As String
    Form6.Print Tab(35); "九九乘法表"
    Form6.Print Tab(35); "__________"
    For i = 1 To 9
        For j = 1 To i
        se = i & "×" & j & "=" & i * j
        Form6.Print Tab((j - 1) * 9 + 1); se;
        Next j
        Form6.Print
    Next i
End Sub
```

5. 参考代码：

```
Private Sub Command1_Click()
    Dim a(1 To 100)
    Randomize
    For i = 1 To 100
      a(i) = Int(Rnd * 101)
    Next i
    For i = 1 To 99
      For j = 100 To i + 1 Step -1
        If a(i) < a(j) Then b = a(i): a(i) = a(j): a(j) = b
    Next j, i
    For i = 1 To 100
      Print a(i),
      If i Mod 10 = 0 Then Print
    Next i
End Sub
```

6．参考代码：

```
Private Sub Command1_Click()
    For m = 2 To 100
        flag = 0
        For i = 2 To m - 1
            If (m Mod i) = 0 Then
                flag = 1
                Exit For
            End If
        Next i
        If flag = 0 Then
            Print m;
            j = j + 1
            If j Mod 5 = 0 Then Print  '每输出 5 个换一行
        End If
    Next m
End Sub
```

7．参考代码：

```
Private Sub Command1_Click()
  Dim a(20) As Integer
  a(1) = 1
  n = CInt(InputBox("请输入要几层的三角？"))
  Print Tab(2 * n + 1); Format(a(1), "@@@@")
  For i = 1 To n
    Print Tab(2 * (n - i) + 1);
    For j = i + 1 To 1 Step -1
      a(j) = a(j - 1) + a(j)
      Print Format(a(j), "@@@@");
    Next j
    Print
  Next i
End Sub
```

# 第6章　过　　程

## 6.1　课后习题

### 一、填空题

1．VB 将过程分为事件过程和通用过程两大类，其中通用过程又可以分为_______、_______、Property 属性过程和_______等 4 类。

2．Function 函数过程的定义_______嵌套。

3．在定义 Function 函数过程和 Sub 过程时，如果在某个参数前加上关键字_______，那么表明该参数为可选参数。

4．如果希望自定义的过程可以在本应用程序的任何地方被调用，则必须在过程名前加上关键字_______。

5．变量按作用域可划分为_______、_______和_______等 3 类，其中，在过程内部，使用 Dim 定义的是_______变量，在窗体的通用声明中定义的是_______变量，使用关键字。Public 定义的是_______变量。

### 二、选择题

1．下面过程定义语句中合法的是（　　）。

A．Sub PI(ByVal x())　　B．Sub Pl(x)As Single

C．Function PI(PI)　　D．Function P1(ByVal x)

2．在窗体模块的通用声明中声明变量时，不能使用（　　）关键字。

A．Dim　　B．Private　　C．Public　　D．Static

3．执行“工程”菜单下（　　）命令，可以添加一个标准模块。

A．添加过程　　B．标准模块　　C．添加模块　　D．通用过程

4．要想在过程调用后返回两个结果，下面的过程定义语句合法的是（　　）。

A．Sub PP(ByVal X，ByVal y)　　B．Sub PP(x，ByVal y)

C．SubPP(x，y)　　D．SubPP(ByVal x，y)

5．Sub 过程与 Function 过程最根本的区别是（　　）。

A．Sub过程可以使用Call语句或直接使用过程名调用，而Function过程不可以

B．Function过程可以有参数，Sub过程不可以

C．两种过程参数的传递方式不同

D．Sub过程的过程名不能返回值，而Function过程能通过过程名返回值

6．下面的过程定义语句中，合法的是（　　）。

A．Sub Proc(ByVal n())　　B．Sub Procl(n) As Integer

C．Function Procl(proc1)　　D．Function Procl(ByVal n)As Interger

7．以下说法正确的是（　　）。

A．过程的定义可以嵌套，但过程的调用不能嵌套

B．过程的定义和过程的调用均可以嵌套

C．过程的定义不可以嵌套，但过程的调用可以嵌套

D．过程的定义和过程的调用均不能嵌套

8．Sub 过程与 Function 过程最根本的区别是（　　）。

A．两种过程参数的传递方式不同

B．Function过程可以有参数，Sub过程不可以

C．Sub过程不能返回值，而Function过程能返回值

D．Sub过程可以使用Call语句或直接使用过程名调用，而Function过程不可以

9．关于通用过程与事件过程，下列说法不正确的是（　　）。

A．事件过程是一种特殊的Sub过程

B．事件过程可以放在标准模块中，也可以放在窗体模块中

C．通用过程与事件过程之间可以互相调用

D．事件过程只能放在窗体模块中

10．要想在过程调用后不影响主调过程中的实际参数的值，则对应下面的（　　）过程定义语句。

A．Sub Proc(ByVal n, ByVal m)　　B．Sub Proc(n, ByVal m)

C．Sub Proc(n, m)　　D．Sub Proc(ByVal n, m)

11．在参数传递过程中，使用关键字来修饰参数，可以使之按地址传递，此关键字是（　　）。

A．ByVal　　B．ByRef　　C．Value　　D．Reference

12．单击一次命令按钮之后，下列程序代码的执行结果为（　　）。

```
Private Sub Command1_Click()
    S = P(1) + P(2) + P(3) + P(4)
    Print S;
End Sub
Public Function P(N As Integer)
    Dim Sum
    For I = 1 To N
        Sum = Sum + I
    Next I
    P = Sum
End Function
```

A．20　　B．35　　C．115　　D．135

13．单击命令按钮时，下列程序代码的执行结果为（　　）。

```
Public Sub Proc1(ByVal n As Integer, ByRef m As Integer)
    n = n Mod 10
    m = m Mod 10
End Sub
Private Sub Command1_Click()
```

```
    Dim x As Integer, y As Integer
    x = 12: y = 34
    Call Proc1(x, y)
    Print x; y
End Sub
```

A. 12 34　　B. 2 34　　C. 2 3　　D. 12 4

14. 单击一次命令按钮之后，下列程序代码的执行结果为（　　）。

```
Public Function P(N As Integer)
    Static Sum
    For I = 1 To N
        Sum = Sum + I
    Next I
    P = Sum
End Function
Private Sub Command1_Click()
    S = P(1) + P(2) + P(3) + P(4)
    Print S;
End Sub
```

A. 20　　B. 35　　C. 115　　D. 135

15. 单击命令按钮后，下列程序代码的执行结果为（　　）。

```
Function FirProc(x As Integer, y As Integer, z As Integer)
    FirProc = 2 * x + y + 3 * z
End Function
Function SecProc(x As Integer, y As Integer, z As Integer)
    SecProc = FirProc(x, y, z) + x
End Function
Private Sub Command1_Click()
    Dim a As Integer, b As Integer, c As Integer
    a = 3: b = 2: c = 4
    Print SecProc(a, b, c)
End Sub
```

A. 21　　B. 23　　C. 17　　D. 34

16. 单击按钮时，下列程序的执行结果为（　　）。

```
Private Sub Value(m As Integer, m As Integer)
    m = m * 2: n = n - 5
    Print m; n
End Sub
Private Sub Command1_Click()
    Dim x As Integer, y As Integer
    x = 10: y = 15
    Call Value(x, y)
    Print x; y
End Sub
```

A. 20　10<br>　20　10　　B. 10　15<br>　10　15　　C. 10　15<br>　20　10　　D. 20　10<br>　10　15

17. 单击按钮时，下列程序的执行结果为（　　）。

```
Private Sub Proc1(x As Integer, y As Integer, z As Integer)
   x = 3 * z: y = 2 * z: z = x + y
End Sub
Private Sub Proc2(ByVal x As Integer, ByVal y As Integer, ByVal z As Integer)
   x = 3 * z: y = 2 * z: z = x + y
End Sub
Private Sub Command1_Click()
   Dim x As Integer, y As Integer, z As Integer
   x = 1: y = 2: z = 3
   Call Proc2(x, y, z)
   Print x; y; z
   Call Proc1(x, y, z)
   Print x; y; z
End Sub
```

A. 1　2　3<br>　9　6　5　　B. 3　4　7<br>　9　8　17　　C. 1　2　3<br>　3　4　7　　D. 1　2　3<br>　1　2　3

18. 单击按钮时，下列程序的执行结果为（　　）。

```
Private Function PickMid(xStr As String) As String
   Dim TempStr As String, strLen As Integer
   TempSter = ""
   strLen = Len(xStr)
   i = 1
   Do While i <= Len(xStr) - 3
     TempStr = TempStr + Mid(xStr, strLen - i + 1, 1) + Mid(xStr,i,1)
      i = i + 1
   Loop
   PickMid = TempStr
End Function
Private Sub Command1_Click()
   Dim Str1 As String
   Str1 = "abcdef"
   Print PickMid(Str1)
End Sub
```

A. abcdef　　B. afbecd　　C. faebdc　　D. defabc

19. 单击一次按钮时，下列程序的执行结果为（　　）。

```
Public Function MyFunc(m As Integer, n As Integer) As Integer
   Do While m <> n
      Do While m > n: m = m - n: Loop
      Do While m < n: n = n - m: Loop
   Loop
   MyFunc = m
End Function
```

```
Private Sub Command1_Click()
   Print MyFunc(49, 35)
End Sub
```

A. 7　　B. 6　　C. 0　　D. 8

20. 单击一次按钮时，下列程序的执行结果为（　　）。

```
Public Sub Proc(ByRef a() As Integer)
   Static I As Integer
   Do
      a(I) = a(I) + a(I + 1)
      I = I + 1
   Loop While I < 2
End Sub
Private Sub Command1_Click()
   Dim m As Integer, I As Integer, x(10) As Integer
   For I = 0 To 4: x(I) = I + 1: Next I
   For I = 1 To 2: Call Proc(x): Next I
   For I = 0 To 4: Print x(I);: Next I
End Sub
```

A. 3 4 7 5 6　　B. 3 5 7 4 5

C. 1 2 3 4 5　　D. 5 4 3 2 1

21. 单击窗体，下列程序代码的执行结果是（　　）。

```
Private Sub Form_Click()
   Test 1
End Sub
Private Sub Test(x As Integer)
   x = x * 2 + 1
   If x < 6 Then
      Call Test(x)
   End If
   x = x * 2 + 1
   Print x;
End Sub
```

A. 15 31　　B. 15　　C. 7 15　　D. 31

22. 单击一次按钮时，下列程序的执行结果为（　　）。

```
Dim a As Integer, b As Integer, c As Integer
Public Sub Proc1(ByVal x As Integer, ByRef y As Integer)
   x = 2 * x
   y = y + 2
End Sub
Private Sub Command1_Click()
   a = 2: b = 4: c = 6
   Call Proc1(a, b)
   Print "a="; a; "b="; b; "c="; c
   Call Proc1(b, c)
```

```
    Print "a="; a; "b="; b; "c="; c
End Sub
```

A. a=2　b=6　c=6
   A=2　b=4　c=8

B. a=2　b=6　c=6
   a=2　b=6　c=8

C. a=4　b=4　c=6
   A=4　b=8　c=6

D. a=4　b=6　c=6
   a=4　b=12　c=8

23. 给出下列程序代码，在单击命令按钮时输出的结果是（　　）。

```
Private Function FirstFunc(x As Integer, y As Integer) As Integer
    Dim n As Integer
    Do While n <= 4
        x = x + y: n = n + 1
    Loop
    FirstFunc = x
End Function
Private Sub Command1_Click()
    Dim x As Integer, y As Integer
    Dim n As Integer, z As Integer
    x = 1: y = 1
    For n = 1 To 3
        z = FirstFunc(x, y)
        Print n, z
    Next n
End Sub
```

A. 1　6
   2　11
   3　16

B. 6　6
   11　11
   16　16

C. 1　1
   2　2
   3　3

D. 6　6
   11　11
   16　16

24. 单击命令按钮时，下列程序的执行结果是（　　）。

```
Private Sub Value(ByVal M As Integer, N As Integer)
    M = M * 3: N = N - 5
    Print M; N
End Sub
Private Sub Command1_Click()
    Dim X As Integer, Y As Integer
    X = 5: Y = 15
    Call Value(X, Y)
    Print X; Y
End Sub
```

A. 5　15
   5　15

B. 15　10
   5　10

C. 5　15
   5　10

D. 15　5
   15　10

25. 有如下程序代码，单击命令按钮后输出的结果是（　　）。

```
Private Sub SS(x, ByRef y, ByVal z)
    x = x + 1
    y = y + 1
```

```
    z = z + 1
End Sub
Private Sub Command1_Click()
    Dim a As Integer, b As Integer, c As Integer
    a = 1: b = 2: c = 3
    Call SS(a, b, c)
    Print a, b, c
End Sub
```

A. 1 2 3　　B. 1 3 4　　C. 2 2 4　　D. 2 3 3

## 三、程序阅读

1．一个命令按钮有如下程序：

```
Private Function M(X As Integer, Y As Integer) As Integer
    M = IIf(X > Y, X, Y)
End Function
Private Sub Command1_Click()
    Dim a As Integer, b As Integer
    a = 56: b = 65
    Print M(a, b)
End Sub
```

程序运行后，单击命令按钮，输出的结果为：________________。

2．一个命令按钮有如下程序：

```
Private Sub Inc(ByRef A As Integer)
    Static x As Integer
    x = x + A
    Print x;
End Sub
Private Sub Command1_Click()
    Inc 4
    Inc 3
    Inc 2
End Sub
```

程序运行后，单击命令按钮，输出的结果为：________________。

3．一个命令按钮有如下程序：

```
Private Sub S(ByVal X As Integer, Y As Integer)
    Dim t As Single
    t = X
    X = t \ Y
    Y = t Mod Y
End Sub
Private Sub Command1_Click()
    Dim A As Single, B As Single
    A = 5: B = 4
    Call S(A, B)
```

```
    Print A; B
End Sub
```

程序运行后，单击命令按钮，输出的结果为：＿＿＿＿＿＿＿＿。

4．下面程序执行后，单击命令按钮，输出的结果是：＿＿＿＿＿＿＿＿。

```
Public Sub Swap1(X As Integer, Y As Integer)
    Dim T As Integer
    T = X: X = Y: Y = T
End Sub
Public Sub Swap2(ByVal X As Integer, ByVal Y As Integer)
    Dim T As Integer
    T = X: X = Y: Y = T
End Sub
Private Sub Command1_Click()
    Dim A As Integer, B As Integer
    A = 10: B = 20
    Call Swap1(A, B)
    Print "A1="; A; "B1="; B
    Call Swap2(A, B)
    Print "A2="; A; "B2="; B
End Sub
```

5．下列程序点击窗体的执行结果是：＿＿＿＿＿＿＿＿。

```
Public Function FindMin(a() As Integer)
    Dim Start As Integer, Finish As Integer, I As Integer, Min As Integer
    Start = LBound(a)
    Finish = UBound(a)
    Min = a(Start)
    For I = Start To Finish
        If a(I) < Min Then Min = a(I)
    Next I
    FindMin = Min
End Function
Private Sub Command1_Click()
    Dim a As Integer, B As Integer
    a = 10: B = 20
    Call Swap1(a, B)
    Print "A1="; a; "B1="; B
    Call Swap2(a, B)
    Print "A2="; a; "B2="; B
End Sub
Private Sub Form_Click()
    ReDim B(1 To 4) As Integer
    B(1) = 12: B(2) = 8: B(3) = 23: B(4) = 4
    Print FindMin(B())
End Sub
```

四、编程题

1．自定义函数，求 l+(1+2)+(1+2+3)+…+(1+2+3+…+$n$)的值。

2．自定义函数或过程，求 1+1 / 2+1 / 3+…+1 / $n$ 的值。

3．编写一个过程实现按顺序查找的功能。

4．编写一个函数过程，实现将整数 1～12 月份转换为英文月份。

5．编写一个 Sub 过程，能实现将工资总数转换为多少张面值一百元、五十元、十元、五元、一角、五分和一分的钞票。要求运行时，在窗体上用文本框输入工资额，按回车键调用 Sub 过程计算各种面值的钞票各需多少，并将结果显示在窗体上。

6．使用过程的递归调用求 5000 之内斐波那契数列的值。

7．编写一个过程，实现将两个有序数组合并成另一个有序数组的功能。

8．编写一个应用程序，要求具有如下功能，每一个功能由一个自定义过程来实现：

（1）随机产生 $n$ 个整数存入数组中。

（2）在数组的最后添加一个元素。

（3）在数组中第 $k$ 个元素前插入一个整数。

（4）删除数组中第 $k$ 个元素。

（5）删除数组中指定值的元素。

9．编写一个英文打字训练程序，要求如下：

（1）在标签框内随机产生 50 个大写字母作为范文。

（2）当焦点进入文本框时开始计时，并显示当时的时间。

（3）在文本框内按产生的范文内容输入相应的字母进行练习。

（4）当文本框内满 40 个字母时计时结束，禁止向文本框输入内容，并显示打字的速度和正确率(提示：用 chr(int(md*26)+65)随机产生大写字母)。

## 6.2 参考答案

一、填空题

1. Function 过程　Sub 子过程　Event 过程　2．不能　3．Optional　4．Public　5．局部　窗体　全局　局部　窗体　全局

二、选择题

1～5：A　D　C　C　D　　6～10：A　C　C　B　A

11～15：B　A　D　B　B　　16～20：A　C　C　A　B

20～25：A　B　A　B　D

三、程序阅读

1．65　　2．4　7　9　　3．5　1

4．A1=20　B1=10　A2=20　B2=10　　5．4

四、编程题

略

# 第7章 面向对象的程序设计

## 7.1 课后习题

### 一、选择题

1．若要使用某命令按钮获得控制焦点，则可使用（　　）方法来设置。

A．Refresh　　B．SetFocus　　C．GotFocus　　D．Value

2．标签和文本框都能用于显示文本，它们的主要区别是（　　）中的文本是只读文本，（　　）中的文本是可编辑文本（　　）。

A．文本框、标签　　B．标签、文本框　　C．列表框、标签　　D．标签、列表框

3．在 Visual Basic 中，要使标签的标题居中显示，则其 Alignment 属性设置为（　　）。

A．0　　B．1　　C．2　　D．3

4．标签控件能够显示文本信息，文本内容只能用（　　）来设置。

A．Alignment　　B．Caption　　C．Visible　　D．Text

5．如果想使标签保持设计时定义的大小，则应将 AutoSize 属性设置成（　　）。

A．0　　B．1　　C．True　　D．False

6．用来设置文本框控件中有无滚动条的属性是（　　）。

A．MultiLine　　B．ScrollBars　　C．SelLength　　D．SelText

7．通过控件对象的（　　）方法可以将焦点移到指定的对象上。

A．GotFocus　　B．KeyPrss　　C．SetFocus　　D．LostFocus

8．当用户向文本框内输入新的信息，改变原来的 Text 时，将触发________事件。

A．GotFocus　　B．LostFocus　　C．Change　　D．KeyPress

9．若要设置定时器控件的定时触发 Timer 事件的时间，可通过（　　）属性来设置。

A．Interval　　B．Value　　C．Enabled　　D．Text

10．若要获知当前列表项的数目，可通过访问（　　）属性来实现。

A．List　　B．ListIndex　　C．Listcount　　D．Text

11．若要向列表框新增列表项，则可使用的方法是（　　）。

A．Add　　B．RemOve　　C．Clear　　D．AddItem

12．设组合框 Combo1 中有 3 个项目，则以下能删除最后一个项的语句是（　　）。

A．Combo1.RemoveItem　Text　　B．Combo1.RemoveItem　2

C．Combo1.RemoveItem　3　　D．Combo1.RemoveItem　Combo1.Listcount

13．当复选框显示为灰色，则复选框 value 属性的值为（　　）。

A．0　　B．1　　C．2　　D．3

14．Bordercolor 属性用来设置（　　）。

A．直线或形状背景颜色　　B．形状的内部颜色
C．直线或形状边界线的线形　　D．直线颜色和形状边界颜色

15．在 VB 中，组合框是（　　）和（　　）的组合。
A．复选框、文本框　　B．列表框、文本框
C．复选框、列表框　　D．列表框、标签

16．下列控件中，没有 caption 属性的是（　　）。
A．框架　　B．列表框　　C．复选框　　D．单选按钮

17．复选框的 Value 属性为 1 时，表示（　　）。
A．复选框未被选中　　B．复选框被选中
C．复选框内有灰色的勾　　D．复选框操作错误

18．将数据项“china”添加到列表框 Listl 中，成为第一项应使用（　　）语句。
A．List1.AddItem“China”, 0　　B．List1.AddItem　“China”, 1
C．List1.AddItem 0,“China”　　D．List1.AddItem 1,“China”

19．如果每 0.5 秒产生一个计时器事件，那么时钟控件的 Interval 属性应设为（　　）。
A．5　　B．50　　C．500　　D．5000

20．表示滚动条控件取值范围最大值的属性是（　　）。
A．Max　　B．LargeChange　　C．V alue　　D．Max-Min

21．将文本框的 MutiLine 属性设置为 False，则文本框中只能输入（　　）。
A．字母　　B．数字　　C．单行文本　　D．多行文本

22．若将文本框设置成具有水平、垂直滚动条，则需将 ScrollBars 属性设置成（　　）。
A．0　　B．1　　C．2　　D．3

23．用（　　）语句可以选择指定的表项或取消已选择的表项。
A．列表框.Selected　　B．列表框名.selected=True | False
C．列表框.selected(索引值)　　D．列表框名.Selected(索引值)= True | False

24．在修改列表框内容时，RemoveItem 方法的作用是（　　）。
A．清除列表框中的全部内容　　B．删除列表框中指定的项目
C．在列表框中插入多行文本　　D．在列表框中插入一行文本

25．当组合框的 Style 属性设置为（　　）时，组合框称为下拉式列表框。
A．0　　B．1　　C．2　　D．3

26．当一个命令按钮的 Cancel 属性设置为 True 时，按（　　）键和单击该命令按钮的作用相同。
A．Ctrl　　B．Enter　　C．Esc　　D．Tab

27．（　　）属性用来设置列表框的一次可以选择的表项数。
A．Columns　　B．List　　C．ListCount　　D．MultiSelect

28．在修改列表框内容时，RemoveItem 方法的作用是（　　）。
A．清除列表框中的全部内容　　B．删除列表框中指定的项目
C．在列表框中插入多行文本　　D．在列表框中插入一行文本

29．当窗体变为活动窗口时触发（　　）事件。
A．Activate　　B．Click　　C．Load　　D．Unload

30．确定一个窗体或控件大小的属性是（　　）。

A．Width和Height　　B．Head和Foot

C．Top和Left　　D．CurrentX和CurrentY

31．要使标签的背景样式为透明，则应设置的属性是（　　）。

A．AutoSize　　B．BackStyle　　C．BorderStyle　　D．Caption

32．以下说法错误的是（　　）。

A．事件是由Visual Basic预先设置好的、能够被对象识别的动作

B．响应某个事件后执行的操作通过一段程序代码来实现，这段代码称为事件过程

C．一个对象对应一个事件，一个事件对应一个事件过程

D．事件过程的一般格式为

Private Sub 对象名_事件名()
　事件响应程序代码
End Sub

33．当将（　　）属性设置为True时，可以选择文本框中的文本，但不能编辑。

A．SelStart　　B．Text　　C．Locked　　D．PasswordChar

34．以下说法错误的是（　　）。

A．方法是对象的一部分　　B．方法是一种特殊的过程和函数

C．方法的调用格式与对象相同　　D．在调用方法时，对象名是不可缺少的

35．将窗体的（　　）属性设置为False后，运行时窗体上的按钮、文本框等控件就不会对用户的操作做出响应。

A．Visible　　B．Enabled　　C．ControlBox　　D．BorderStyle

36．通常窗体的左上角有一个控制框，当单击此处时，会显示恢复、移动、放大等选项，在Visual Basic中可通过设置窗体（　　）属性控制此功能。

A．BorderStyle　　B．WindowState　　C．Paint　　D．ControlBox

37．在通常情况下，水平滚动条的值（　　）递增。

A．由上往下　　B．由下往上　　C．由左往右　　D．由右往左

38．下列可以用作其他控件容器的控件有（　　）。

A．窗体，标签，图片框　　B．窗体，框架，文本框

C．窗体，图像，列表框　　D．窗体，框架，图片框

39．在窗体上画一个列表框和一个文本框，然后编写如下两个事件过程：

```
private  Sub Form_Load()
   List1.AddItem"357"
   List1.AddItem"246"
   List1.AddItem"123"
   List1.AddItem"456"
End Sub
Private Sub List1_DblClick()
   a=List1.Text
   Print a+Text1.Text
End Sub
```

程序运行后，在文本框中输入“789”，然后双击列表框中的“456”，则输出结果为（　　）。

A．1245　　B．456789　　C．789456　　D．0

40．当滚动条中的滚动框仅处于最右端或最下端时，Value 属性被设置为（　　）。

A．Max　　B．Min　　C．LaLrgeChange　　D．SmallChange

41．当在滚动条内拖动滚动块时，触发（　　）事件。

A．Change　　B．Scroll　　C．MouseUp　　D．MouseDown

42．在计时器控件中，Interval 属性的作用是（　　）。

A．设置计时器事件之间的间隔　　B．决定是否响应用户生成事件

C．存储程序所需的附加数据　　D．设置计时器顶端与其他容器之间的距离

43．下面控件中，用于将屏幕上的对象分组的是（　　）。

A．组合框　　B．复选框　　C．框架　　D．形状

44．下列控件中，不能获得焦点的是（　　）。

A．文本框　　B．标签　　C．组合框　　D．列表框

45．计时器事件使用（　　）为单位。

A．秒　　B．毫秒　　C．微秒　　D．分钟

## 二、判断题

1．移动框架时，框架内的控件也跟着移动，并且框架内的各控件的 Top 和 Left 属性值也将分别随之改变。

2．滚动条的 Scroll 事件在滑块位置改变时即被触发。

3．在用户拖动滚动滑块时，滚动条 Change 事件连续发生。

4．在列表框中第三项之后插入一项目“ABC”，则语句为 List1.AddItem “ABC”，3。

5．如果要时钟控件每秒钟发生一个 Timer 事件，则 Interval 属性应设为 1。

6．若要删除列表框(List1)中的某项目，则使用语句 List1.Cls。

7．若框架的 Enabled 属性设置为 False，则框架内所有对象均被屏蔽，不允许用户对其进行操作。

8. ListIndex 的值表示程序运行时被选定的选项序号。如果未选中任何选项，则 ListIndex 的值为 0。

9．列表框的选项 sorted 为 True 时，则项目按字母顺序排列显示。

10．框架也有 Click 和 DblClick 事件。

## 三、填空题

1．单选按钮的________属性可设置为 True 或 False，当设置为 True 时，该单选按钮是“选中”的，当设置为 False 时，该单选按钮是“未选中”的。

2．通过程序代码设置标签 Label 背景样式的属性是________。

3．将________属性设置为 True 时，才能用 ScrollBars 属性在文本框中设置滚动条。

4．常见的事件有单击（Click）、双击________、装入________和改变________等，不同的对象能识别的事件也不一样。

5．如果要暂时停止计时器的使用，应设置________属性。

6．当对象得到焦点时，会产生________事件，当对象失去焦点时，将产生________事件。

7．使用________方法可以在列表框中插入一行文件。

8．在窗体上画一个文本框和一个图片框，然后编写如下事件过程：

```
Private Sub Form_Click()
   Text1.Text = "Visual Basic"
End Sub
Private Sub Text1_Change()
   Picture1.Print "SIZU"
End Sub
```

程序运行后，单击窗体，则在文本框中显示的内容是：________，而在图片框中显示的内容是：________。

9．在窗体上画一个列表框，然后编写如下事件过程：

```
Private Sub Form_Click()
   List1.RemoveItem 1
   List1.RemoveItem 2
   List1.RemoveItem 1
End Sub
Private Sub Form_Load()
   List1.AddItem "A":List1.AddItem "B"
   List1.AddItem "C":List1.AddItem "D":List1.AddItem "E"
End Sub
```

程序运行后，单击窗体，列表框中显示的项目为______________。

10．命令按钮的______________属性设置为True时，按Enter键和单击命令按钮的效果相同。

11．每个窗体和控件都有一个名字 Name，为提高程序的可读性，可以用前缀的方式来表示对象的类型，如 Form 的前缀为______________，PictureBox 的前缀为 Pic，Timer 的前缀为tim，CommadnButton 的前缀为______________等。

12．在Visual Basic中，窗体和控件被称为______________。

## 四、简答与编程题

1．单选按钮的使用特点是什么，如何对单选按钮分组？

2．有哪几种方法可以在列表框或组合框中添加选项？列表框或组合框中的内容在运行期间能否修改？

3.如果在计时控件每0.2秒发生一次Timer事件，则应设置哪个属性？值设置为多少？程序中一般用什么方法来控制Timer事件的发生？

4．设计一个模拟网络购物程序。使用列表框列出可购买的商品，用户通过列表框各项前的复选框来选择。选择后，出现价格，当用户输入数量后，程序自动计算出购买商品的类型、单价、数量和金额。

5．简述列表框控件和组合框控件的主要方法。

6．使用复选框或单选按钮时，程序中如何判断它们的状态是否被选中？

7．对滚动条进行什么操作时，会触发其 Change 事件和 Scroll 事件？

8．Timer 控件的 Enabled 属性为 True 时，将其 Interval 属性分别设置为 60000、1000、0 意味着什么？

9．设计一个程序，用滚动条控制改变标签的字体大小。

10．设计一个运行界面如图 1-7-1 所示的程序。当用户在“操作选项”框架中选定操作后，文本框发生相应的变化，同时在“操作说明”框架中的标签上显示有关的操作说明。

【提示】

（1）在文本框中移动光标和选定内容是通过设置 selstart 和 seilength 属性实现的。

（2）文本框中内容分行显示是因为插入了回车换行符，回车符的 ASCII 码值为 13，其符号常数为 vbcr.换选择 ASCII 码值为 10，其符号常数为 vblf。

（3）把光标移动到第三行开始，实质是确定文本中第二行后 vbcr 或 vblfr 位置。选定文本中的第三行，关键是确定第三行后 vbcr 或 vblf 的位置。

11．编写一个运行界面如图 1-7-2 所示的程序。用户能从“饭店菜单”中把选定的“菜”添加到下面的列表框中。

要求：“饭店菜单”列表框支持多项选择。

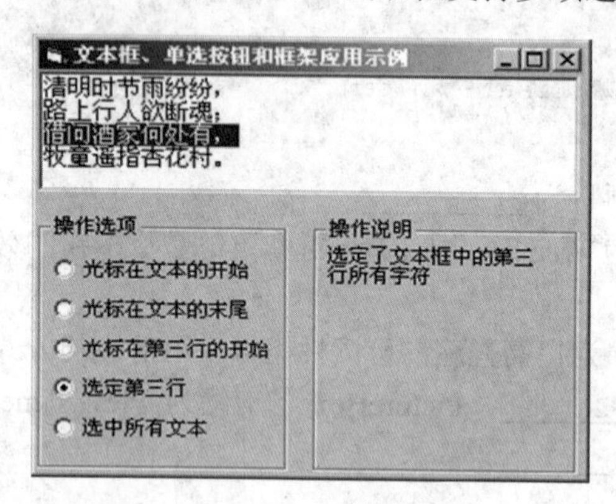


图 1-7-1　文本框、单选按钮和框架应用示例

图 1-7-2　运行界面

12．编写一个运行界面如图 1-7-3 所示的点菜程序。用户能从“饮料”和“主食”列表框中选择食品，然后拖动到“我的中饭”列表框中。

要求：用拖放的方式实现。

【提示】

当源对象被拖动时，源对象作为 Source 参数传入事件过程中，Source 代表源对象，通过 Source.Name 属性可以确定被拖动的是哪个列表框。在目标列表框的 DragDrop 事件过程中，将源列表框中选定的项目添加到目标列表框中，然后删除。

13．设计运行界面如图 1-7-4 所示的程序。当把“小纸条”拖动到“回收站”时，屏幕显示“要删除小纸条吗？”；当把文件拖动到“回收站”时屏幕显示“要删除文件吗？”

限定只能用鼠标左键才能拖动。

要求：用手工拖放模式实现，拖动时显示拖动图标(drag3pg.ico)。

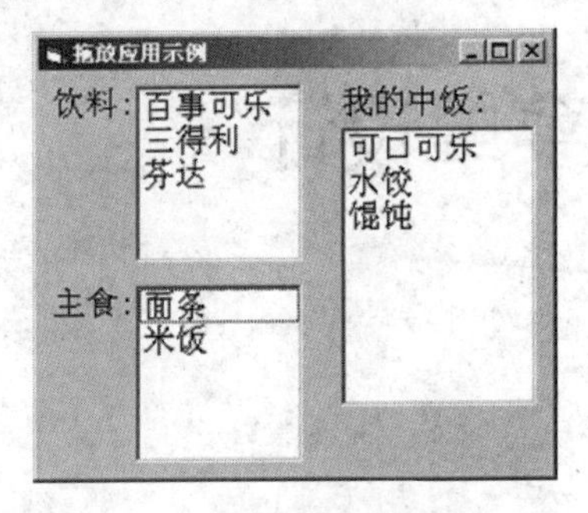


图 1-7-3　第 12 题程序运行界面

图 1-7-4　第 13 题程序运行界面

【提示】

当对象被拖动到回收站时，在回收站的 DragDrop 事件过程中必须判断源对象是文件还是“小纸条”。当源对象被拖动进源对象，通过 Source 参数传入事件过程中，Source 代表源对象。通过引用 Source 的 Name 属性就可以确定对象的名称。

## 7.2　参考答案

### 一、选择题

1～5：B　B　C　D　D　　6～10：B　C　C　A　C
11～15：D　B　C　D　B　　16～20：B　B　A　C　A
21～25：C　D　D　B　C　　26～30：C　D　B　A　A
31～35：B　C　C　D　B　　36～40：D　C　D　B　A
41～45：B　A　C　B　B

### 二、判断题

1．错　2．对　3．错　4．对　5．错　6．错 7．对 8．对 9．对 10．对

### 三、填空题

1．Value　2．BackStyle　3．MultiLine　4．DblClick　Load　Change
5．Enabled　6．GotFocus　LostFocus　7．AddItem　8．Visual Basic　SIZU
9．A　E　10．Default　11．frm　cmd　12．对象

### 四、简答与编程题

略

# 第8章　界面与菜单设计

## 8.1　课后习题

### 一、判断题

1．在设计时可以改变通用对话框的大小。

2．每个菜单都必须有 Name 属性。

3．在“打开”对话框内过滤文件类型的属性是 Filter 属性。

4．显示弹出菜单的方法是 PopupMenu。

5．在加载 MDI 窗体时，不会自动加载子窗体。

6．在使用“字体”对话框之前必须设置 Flag 属性。

7．在一个窗体的程序代码中不可以访问另一个窗体上的控件属性。

8．通常状况下，子菜单一般不能超过四级。

9．在状态栏上可以显示键盘大小写状态以及插入与改写状态。

10．MDI 子菜单不可以有自己的菜单。

### 二、选择题

1．要使菜单项显示一条水平分隔线，应将菜单项的标题属性设为（　　）。

A．-（减号）　　B．+（加号）　　C．×（乘号）　　D．/（除号）

2．在菜单编辑器窗口插入一个菜单项，插入位置在（　　）。

A．当前位置，原位置菜单项下移　　B．当前位置之上

C．当前位置，原位置菜单项上移　　D．当前位置之下

3．在 VB6.0 中，语句 if Button=2 then 的条件成立表示（　　）。

A．按键盘数字键2　　B．双击鼠标左键

C．单击鼠标左键　　D．单击鼠标右键

4．要使窗体在运行时不可改变窗体的大小和没有最大化和最小化按钮，要对下列（　　）属性进行设置。

A．MaxButton　　B．Width　　C．MinButton　　D．Borderstyle

5．在用菜单编辑器设计菜单时，必须输入的项有（　　）。

A．快捷键　　B．索引　　C．标题　　D．名称

6．在下列关于通用对话框的叙述中，错误的是（　　）。

A．CommonDialog1.showfont显示字体对话框

B．在打开或另存为对话框中，用户选择的文件名可以通过FileTitle的属性返回

C．在打开或另存为对话框中，用户选择的文件名及其路径可以经FileTitle属性返回

D．通过对话框可以用来制作和显示帮助对话框

7．要想设置菜单项的访问键，应在菜单项的标题中加入符号（　　）。

A．$　　B．&　　C．%　　D．#

8．菜单项能触发的事件有（　　）。

A．DblClick和Click　　B．Click

C．MouseUp、Click和DblClick　　D．MouseDown

9．打开菜单编辑器的方法有四种，下面不能打开的操作是（　　）。

A．选择“工具”下拉菜单中的“菜单编辑器”选项

B．在“窗体窗口”上单击右键选择弹出菜单中的“菜单编辑器”选项

C．单击工具栏中的“菜单编辑器”按钮。

D．按Ctrl+O组合键

10．要从通用自定义对话框 Form2 中退出，可以在该对话框的“退出”按钮 Click 事件过程中使用（　　）语句。

A．Form2.UnLoad　　B．Hide Form2　　C．UnLoad.Form2　　D．Unload Form2

11．使用通用对话框控件打开“字体”对话框时，如果要在“字体”对话框中列出可用的屏幕字体和打印机字体，必须设置通用对话框控件的 F1ags 属性为（　　）。

A．cdlCFScreenFonts　　B．cdlCFPrinterFonts

C．cdlCFBoth　　D．cdlCFEffects

12．下面四个选项中，错误的是（　　）。

A．菜单名称是显示在菜单项上的字符串　　B．菜单名称是设置菜单项属性的对象

C．菜单名称是引用菜单项属性的对象　　D．菜单项名称是程序使用菜单的标识

13．若菜单项前面没有内缩符号“…”，表示该菜单项是（　　）。

A．主菜单项　　B．下拉式菜单　　C．子菜单项　　D．弹出式菜单

14．菜单编辑器窗口中的“复选(C)”框相当于菜单项的（　　）属性。

A．Enabled　　B．Caption　　C．Visible　　D．Checked

15．在 VB 中，要将一个窗体加载到内存进行预处理但不显示，应使用（　　）语句。

A．Show　　B．Hide　　C．Load　　D．UnLoad

16．在 VB 中，要使一个窗体不可见，但不在内存中释放，应使用语句（　　）。

A．Show　　B．Hide　　C．Load　　D．UnLoad

17．以下叙述中错误的是（　　）。

A．一个工程中只能有一个sub Main过程

B．窗体Show方法的作用是将指定的窗体装入内存并显示该窗体

C．窗体的Hide方法和UnLoad方法的作用相同

D．若工程文件中有多个窗体，则可以根据需要指定一个窗体为启动窗体

18．菜单编辑器窗口中的“有效(E)”框相当于菜单项的（　　）属性。

A．Enabled　　B．Caption　　C．Visible　　D．Checked

19．菜单编辑器窗口中的“可见(V)”框相当于菜单项的（　　）属性。

A．Enabled　　B．Caption　　C．Visible　　D．Checked

20．菜单编辑器窗口中的“索引(X)”项相当于菜单项的（　　）属性。

A．Enabled　　B．Caption　　C．Visible　　D．Index

21．菜单编辑器窗口中的“标题(P)”项相当于菜单项的（　　）属性。

A．Enabled　　B．Caption　　C．Visible　　D．Index

22．下列操作中，不能打开菜单编辑器的操作是（　　）。

A．按Ctrl+E键

B．单击工具栏中的“菜单编辑器”按钮

C．执行工具菜单中的“菜单编辑器”命令

D．按Alt+E键

23．以下叙述中错误的是（　　）。

A．在同一窗体的菜单项中，不允许出现标题相同的菜单项

B．在菜单的标题栏中，“&”所引导的字母指明了访问该菜单的访问键

C．程序运行过程中，可以重新设置菜单的Visual属性

D．弹出式菜单可在菜单编辑器中定义

24．假定有一个名为 Menu1 的菜单项，为了在运行时令该菜单项失效（变灰），应使用的语句是（　　）。

A．Menu1.Enabled=True　　B．Menu1.Enabled=False

C．Menu1.Visible=True　　D．Menu1.Visible= False

25．在工具箱中添加通用对话框后，在窗体上布置 2 个命令按钮和 1 个通用对话框。在代码窗口中添写如下代码：

```
Private Sub Command1_Click()
   CommonDialog1.FileName = ""
   CommonDialog1.Flags = vbOFNieMustExist
   CommonDialog1.Filter = "All Files|*.*|(*.exe)|*.exe|(*.txt)|*.txt"
   CommonDialog1.FilterIndex = 3
   CommonDialog1.DialogTitle = "Open file(*.exe)"
   CommonDialog1.Action = 1
   If CommonDialog1.FileName = "" Then
      MsgBox "没有选择文件"
   Else
      '对所有选择的文件进行处理，省略
      '......
      End If
End Sub
```

针对以上程序，下列说法错误的是（　　）。

A．Open对话框不仅用来选择一个文件，还可以打开、显示文件。

B．选择后单击“打开”按钮，所选择的文件名作为对话框的FileName属性值

C．该事件过程用来建立一个Open对话框，可以在这个对话框选择要打开的文件

D．过程中的“CommonDialog.Atcion=1”语句用来建立Open对话框，它与语句“CommonDialog.ShowOpen”等价

26．以下说法错误的是（　　）。

A．Visual Basic中的对话框包括预定义对话框和自定义对话框

B．预定义对话框是用户在设置程序代码前定义的

C．自定义对话框是由用户根据自己的需要定义的

D．InputBox()函数是提供给用户自定义对话框的函数

27．下列选项说法错误的是（　　）。

A．通用对话框的Name属性的默认值为CommandDialog1

B．文件对话框可分为两种：打开（Open）文件对话框和保存（Save）文件对话框

C．DefaultExt属性的DialogTitle属性都只是打开对话框的属性，而不是保存对话框的属性

D．打开文件对话框可以指定一个文件，由程序使用；而保存文件对话框可用来指定一个文件，并以这个文件名保存文件

28．在程序运行的过程中，当选中“字体加粗（mnuBol）”菜单项时，在该菜单项前出现“√”标记，则应该在此菜单的单击事件中编写的代码是（　　）。

A．mnuBold.Visible=True　　B．mnuBold.Enabled=True

C．mnuBold.Checked=True　　D．mnuBold.WindowList=True

三、编程题

1．设计一个运行界面如图 1-8-1 所示的应用程序。当选择“改变标签标题颜色”按钮后，弹出颜色对话框，为标签标题选择一个颜色；当选择“编辑文本文件”按钮后，弹出打开文件对话框，选择一个文本文件后调用记事本程序编辑该文件。

【提示】

（1）尽管在该程序中用到了颜色和打开文件两个对话框，但是实际上只需要一个通用对话框控件即可。

（2）可以使用 Shell 函数运行记事本程序。注意在记事本程序名与所选的一个文本文件名之间要有一个空格。

2．在窗体上放置通用对话框、命令按钮和图像框。通过单击命令按钮弹出文件打开对话框，在对话框内只允许显示图形文件，初始目录为 C：\Windows。选定一个文件后，单击“打开”按钮，在图形框中显示所选择的图片内容。运行界面如图 1-8-2 所示。

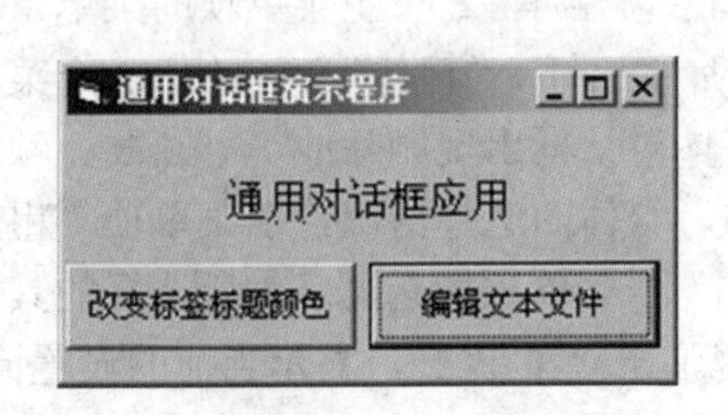


图 1-8-1　编程题目 1 运行界面

图 1-8-2　编程题目 2 运行界面

【提示】

（1）通过 CommonDialog1.Filter 属性过滤图形文件。如果在程序中没有该属性，必须要将设置语句放在 ShowOpen 方法之前。

（2）使用 LoadPicture 方法将所选的图形文件装入到图像框中。该语句要放在 ShowOpen 方法之后。

（3）为了让图像框能够把整个图像都显示出来（完全显示），需要将图像框的 Stretch 属性设置为 True。

3．在窗体上放置一个文本框，设置它的 Multiline 属性为 True。设计一个含有 2 个主菜单项的菜单系统，分别为“菜单 1”和“菜单 2”。其中“菜单 1”包括“清除”、“结束”两个菜单命令。“菜单 2”包括“12 号字体”、“16 号字体”、“粗体”、“斜体”4 个命令菜单。程序的运行界面如图 1-8-3 所示。菜单的各项功能如下。

“清除”命令：清除文本框中所显示的内容。

“12 号字体”或“16 号字体”命令：把文本框中的文本字体设置成 12 号字体或 16 号字体。

“粗体”或“斜体”命令：在菜单项左边添加或取消标记“√”，控制文本框中文本字型的变化。

窗体中“菜单 2”的显示与否与文本框中有无内容相关，当清除文本框中的内容时，隐藏“菜单 2”，当文本框中输入文本信息后，显示“菜单 2”。另外可以通过单击鼠标右键弹出“菜单 2”。

【提示】

（1）在菜单项左边添加或取消标记“√”可以使用代码：

菜单项名称 Checked=Not，菜单项名称 Checked

（2）文本框内的文本粗体字控制可以使用代码：

Text1.FontBold=菜单项名称 Checked 或者 Text1.FontBold= Not Text1.FontBold

斜体字的控制也可以类似地使用 FontItalic 属性。

（3）利用菜单 2 的 Visible 属性控制菜单的显示与隐藏。可以在文本框的 Change 事件中进行设置。

（4）在程序运行时用 PopupMenu 方法显示弹出菜单。

4．窗体上放置文本框、通用对话框控件。设计一个含有 2 个主菜单项的菜单系统，分别为“菜单 1”和“菜单 2”。其中“菜单 2”包括“字体”、“粗体”、“斜体”3 个菜单命令。单击“菜单 1”可以打开字体对话框，要求字体对话框出现删除线、下画线、颜色控制等信息，可以设置文本框的字体属性。根据粗体、斜体的选择情况，在菜单项“粗体”、“斜体”左边加上或取消标记“√”，同时使“字体”子菜单项标题显示为所选择的具体字号，例如，“16 号字体”。另外，可以通过鼠标右键弹出“菜单 2”，显示当前的设置情况。程序界面如图 1-8-4 所示。

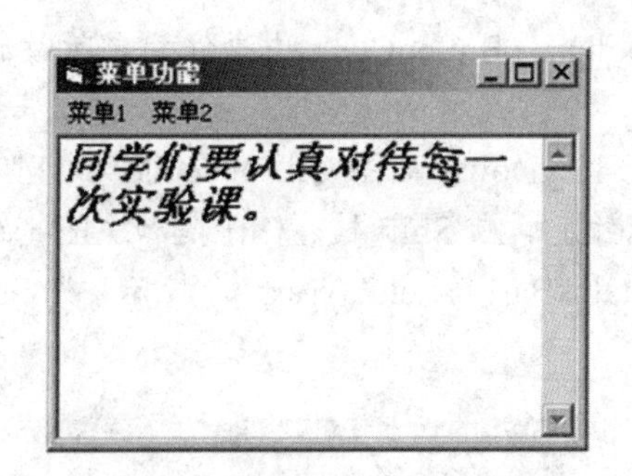


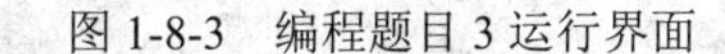
图 1-8-3　编程题目 3 运行界面

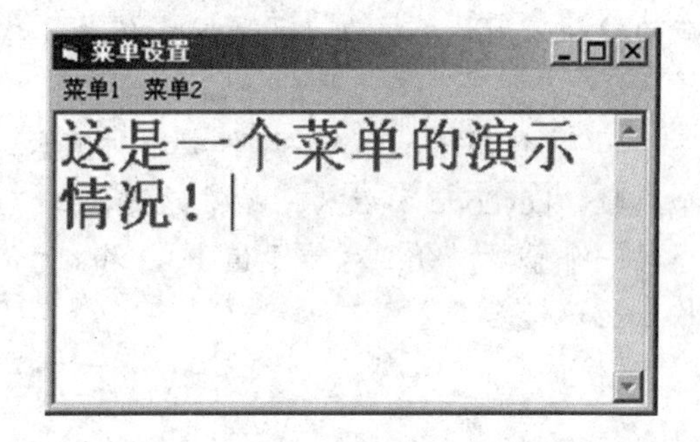


图 1-8-4　编程题目 4 运行界面

【提示】

（1）在使用通用对话框控件选择字体之前，必须要设置 Flags 属性。利用 Font 属性集改变设置文本框的字体属性。

（2）字体对话框中的 FontName 属性设有默认值，在程序中必须判定该属性是否指定了字体名，若选定了字体，则 FontName 属性为非空。如果属性为空时，用其设置文本框的 FontName 属性，将产生“无效属性值”实时错误。

（3）可根据 CommanDialog1.FontBold 的属性值控制“粗体”菜单项的 Checked 属性，用 CommanDialog1.FontItalic 的属性值控制“斜体”菜单项的 Checked 属性。使用 CommanDialog1.FontSize &“号字体”设置“号字体”子菜单标题值。

5. 在“菜单 1 ”的子菜单“清除”前添加一个“查找”菜单命令，并与“清除”菜单命令之间有一条分隔线，单击“查找”菜单命令，显示如图 1-8-5 所示的查找对话框，当在文本框内输入内容时，可在主窗体的文本框内查找指定的内容。

【提示】

（1）使用窗体创建自定义的对话框。通过设置 BorderStyle 和 ControlBox 的属性，可使对话框的大小固定，删除窗体的“控制”菜单框按钮、“最大化”按钮以及“最小化”按钮。

（2）多重窗体之间的数据传递可通过在类模块文件中声明的全局变量完成，也可以直接使用加窗体前缀名的控件。

（3）使用 InStr()函数实现查找。为了能查找出多个相同的字符，需要声明一个静态变量用于设置每次搜索的起点。

6. 在第 5 题的基础上，按照菜单的各项功能添加工具栏，在窗体下方加入有 2 个窗格的状态栏，第 1 个窗格在按下 Shift、Ctrl 和 Alt 键时显示相应的键名，第 2 个窗格显示时钟，界面如图 1-8-6 所示。

【提示】

（1）“菜单 2” 中的 “12 号字体”、“16 号字体” 功能对应的按钮采用菜单按钮（设置样式值为 5），在 Toolbar1_ButtonMenuClick 中事件响应所做的选择。“粗体”、“斜体” 对应的按钮采用开关按钮（设置样式值为 1），在 Toolbar1_ButtonClick 中事件响应所做的选择。

（2）使用 KeyDown 事件判断对键盘的操作。KeyDown 事件提供 keycode 和 shift 两个参数，keycode 参数为所按键的键代码，shift 参数是响应 Shift 键、Ctrl 键和 Alt 键的状态的一个整数，分别对应于值 1、2 和 4。使用“StatusBarl.Panels(1)Text="提示"”，在窗格 1 显示键名。

图 1-8-5　编程题目 5 运行界面

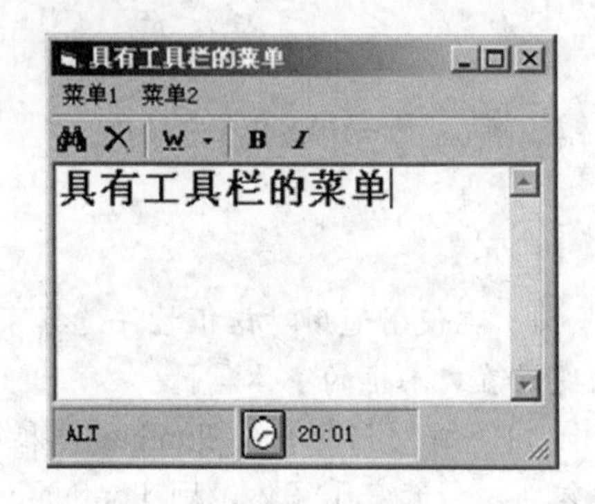


图 1-8-6　编程题目 6 运行界面

7．为一个窗体添加工具栏和状态栏，要求工具栏具有相应的图标，并且每个按钮具有相应的单击事件；状态栏要求能够动态显示系统时间。

8．设置一个多页文档，要求实现窗体之间的相互调用；设置父窗体和子窗体，运行程序并调用子窗体，查看运行结果。

9．设置状态栏，要求在调用窗体时，能够显示相应的提示信息（状态栏中的某个页，能够动态改变，显示当前激活窗体的名称）。

## 8.2　参考答案

### 一、判断题

1．错　2．对　3．对　4．对　5．错　6．对 7．错 8．对 9．对 10．错

### 二、选择题

1～5：A　A　D　D　D　　6～10：C　B　B　D　D

11～15：C　A　A　D　C　　16～20：D　C　A　C　D

21～25：B　D　A　B　C　　26～28：B　C　C

### 三、编程题

略

# 第9章 图形操作

## 9.1 课后习题

### 一、判断题

1．坐标度量单位可以通过 DrawStyle 属性来改变。

2．容器的实际可用高度和宽度由容器的 Width 和 Height 属性确定。

3．Image 和 PictureBox 装载图片的方法完全相同。

4．Image 和 PictureBox 的 AutoSize 属性功能不同。

5．窗体、图形框和图像控件都可以显示图片。

6．当 scale 方法不带参数时，则采用默认坐标系。

7．使用 Line 方法画矩形时，必须在指令中使用关键字 B 和 F。

8．Circle 方法正向采用顺时针方向。

9．图形框也可以用 Print 方法显示文字。

10．Cls 不能清除窗体在运行时装载的图形和文字。

### 二、选择题

1．设计时设置的 Picture 属性，当保存窗体时，数据图形就同时被保存，如果将应用程序编译为可执行文件，图像将保存在（　　）。

A．窗体的Frm文件中　　B．编译后的EXE文件中
C．图片的原始文件中　　D．以上都不对

2．以下的属性和方法中，（　　）可以重新定义坐标系。

A．DrawStyle　　B．DrawWidth　　C．ScaleMode　　D．Scale

3．设 Picture1.ScaleLeft=-200，Picture1.ScaleTop=300，Picture1.ScaleWidth=400，Picture1.ScaleHeight=-600，则 Picture1 的右下角坐标为（　　）。

A．(400，0)　　B．(0，-300)　　C．(200，-300)　　D．(200，-900)

4．PictureBox 的 AutoSize 属性设置为 True 时，（　　）能自动调整大小。

A．加载的图片　　B．图片框　　C．图像控件　　D．A和B两项

5．设置 DrawWidth 属性将会影响（　　）。

A．Line，Circle和Pset方法　　B．Line和Shape控件
C．Line、Circle和Point方法　　D．A和B两项

6．当使用 Line 方法画直线后，当前坐标在（　　）。

A．直线起点　　B．直线终点　　C．(0，0)　　D．容器中心

7．执行“Line(200，150)-step(200，150)，B”语句后，CurrentX=（　　）。

A．400　　B．0　　C．200　　D．300

8．Cls 可清除窗体和图片框中（　　）的内容。

A．运行时输出的文字和图形　　B．设计时放置的控件

C．Picture属性设置的背景图案　　D．以上三项

9．对象的边框类型由（　　）属性设置。

A．DrawWidth　　B．DrawStyle　　C．BorderStyle　　D．ScaleMode

10．16 进制颜色值&HFF&代表以下（　　）颜色。

A．白色　　B．红色　　C．绿色　　D．蓝色

11．以下关于图片框控件的说法中，错误的是（　　）。

A．可以通过Print方法在图片框中输出文本

B．清空图片框控件中图形的方法之一是加载一个空图形

C．图片框控件可以作为容器使用

D．用Stretch属性可以自动调整图片框中图形的大小

12．若窗体上的图片框中有一个命令按钮，则此按钮的 Left 属性是指（　　）。

A．按钮左端到窗体左端的距离　　B．按钮左端到图片框左端的距离

C．按钮中心点到窗体左端的距离　　D．按钮中心点到图片框左端的距离

13．以下不具有 Picture 属性的对象是（　　）。

A．窗体　　B．图片框　　C．图像框　　D．文本框

14．假定在图片框 Picture1 中装入了一个图形，为了清除该图形（不删除图片框），应采用的正确方法是（　　）。

A．选择图片框，然后按Del键

B．执行语句Picture1.Picture=LoadPicture(“”)

C．执行语句Picture1.Picture=””

D．选择图片框，在属性窗口中选择Picture属性，然后按回车键

15．能够拖动 Command1，使之在窗体内移动的程序为（　　）。

A．
```
Private Sub Form_MouseUp(Button As Integer, Shift As Integer,_
X As Single, Y As Single)
Command1.Move X , Y
End Sub
```

B．
```
Private Sub Form_MouseDown(Button As Integer, Shift As Integer,_
X As Single, Y As Single)
Command1.Move X , Y
End Sub
```

C．
```
Private Sub Form_MouseMove(Button As Integer, Shift As Integer,_
X As Single, Y As Single)
Command1.Move X , Y
End Sub
```

D．
```
Private Sub Form_Click(Button As Integer, Shift As Integer,_
X As Single, Y As Single)
```

```
Command1.Move X , Y
End Sub
```

16．有一个名称为 Form1 的窗体，上面没有控件，设有以下程序：

```
Dim cmdmave As Boolean
Private Sub Form_MouseDown(Button As Integer,Shift As Integer, _
X As Single,Y As Single)
cmdmave = True
End Sub
Private Sub Form_MouseMove(Button As Integer,Shift As Integer, _
X As Single, Y As Single)
If cmdmave Then
Form1.Pset(X,Y)
End If
End Sub
Private Sub Form_MouseUp(Button As Integer, Shift As Integer, _
X As Single,Y As Single)
cmdmave = False
End Sub
```

此程序的功能是（　　）。

A．每按下鼠标键一次，在鼠标所指位置画一个点

B．按下鼠标键，则在鼠标所指位置画一个点；放开鼠标键，则此点消失

C．不按鼠标键而拖动鼠标，则沿鼠标拖动的轨迹画一条线

D．按下鼠标键并拖动鼠标，则沿鼠标拖动的轨迹画一条线，放开鼠标则结束画线

17．设窗体上有一个名为 Text1 的文本框，并编写如下程序，程序运行后，如果在文本框中输入字母“a”，然后单击窗体，则在窗体上显示的内容是（　　）。

```
Private Sub Form_Load()
Show
Text1.Text = ""
Text1.SetFocus
End Sub
Private Sub Form_MouseUp(Button As Integer, Shift As Integer,_
X As Single, Y As Single)
Print "程序设计"
End Sub
Private Sub Text1_KeyDown(KeyCode As Integer, Shift As Integer)
Print "Visual Basic";
End Sub
```

A．Visual Basic　　　　B．程序设计

C．Visual Basic程序设计　　　　D．a程序设计

## 三、填空题

1．VB 的坐标系由 3 个要素构成：__________、__________和__________。

2．VB 默认的度量单位为__________，度量单位的修改由__________属性决定。

3．用户可以通过修改容器对象的__________和__________两个属性改变其左上角的坐标值，容器坐标系统的高度和宽度值可以由__________属性和__________属性确定。此时，容器对象左上角的坐标值为__________，容器对象右下角的坐标值为__________。

4．在 VB 中，设置黄颜色的方法有 3 种，采用 RGB 函数为__________，采用 QBColor 函数为__________，采用 16 进制值为__________。

5．设置图片框(Picture Box)的__________属性可以调整图片框的大小以适应其装入的图形的尺寸，设置图像框(Image)的__________属性为 False 时，图像框可以自动改变大小以适应其中的图形。

6．在窗体上画一个文本框和一个图片框，然后编写如下两个事件过程：

```
Private Sub Form_Click()
 Text1.Text = "VB 程序设计"
End Sub
Private Sub Text1_Change()
 Picture1.Print "VBProgramming"
End Sub
```

程序运行后，单击窗体，在文本框中显示的内容是____________，而在图片框中显示的内容是______。

7．将 C 盘根目录下的图形文件 moon.jpg 装入图片框 Picture1 的语句是_______。

8．将 Picture1 和 Picture2 中显示的图像互换时，要借助第三个图片框，具体程序如下：

```
Picture3.Picture=________________
Picture1.Picture=________________
Picture2.Picture=________________
'把第三个图片框中的内容清空
Picture1.Picture=LoadPicture( )
```

## 四、编程与思考题

1．窗体的 ScaleHeiht、ScaleWidth 属性和 Heiht、Width 属性有什么区别？

2．如何使用 Line 方法绘制矩形？

3．PictureBox 控件和 Image 控件有什么区别？

4．在程序运行时怎样在图形框中装入或删除图形？

5．常用的绘图方法有哪几种？

6．VB 可以处理哪些格式的图形文件？

7．什么是容器，常见的容器控件有哪些？

8．在程序运行时怎样在图形框中装入或删除图形？

9．怎样建立用户坐标系？

10．当用 Line 方法画线之后，CurrentX 与 CurrentY 在何处？

11．Circle 方法是按顺时针还是逆时针画图？

12．如果将图片装载到 Image 控件中，并且该控件对于图片的尺寸太小，会出现什么情况？

## 9.2　参考答案

一、判断题

1．错　2．对　3．对　4．错　5．对　6．对 7．对 8．错 9．对 10．对

二、选择题

1～5：C　D　C　C　D　6～10：B　A　A　C　B
11～15：D　D　D　B　C　16～17：D　C

三、填空题

1．坐标原点　坐标度量单位　坐标轴长度和方向　2．缇　ScaleMode　3．ScaleLeft　ScaleTop　ScaleHeight　ScaleWidth　(ScaleTop，ScaleLeft)　(ScaleLeft+ScaleWidth，ScaleTop+ScaleHeight)　4．RGB(255, 255, 0)　QBColor(14)　&HFFFF00　5．AutoSize　Stretch　6．VB 程序设计　VB Programming 7．Picture1.picture=loadpicture("c:\moon.jpg")　8．Picture1.Picture　Picture2.Picture　Picture3.Picture

四、编程与思考题

略。

# 第10章　文件操作

## 10.1　课后习题

### 一、判断题

1．驱动器列表框、目录列表框是下拉列表框。

2．驱动器列表框、目录列表框、文件列表框之间可以自动实现关联。

3．在 VB 中文件列表框的 FileName 属性返回或设置一个选中的文件名字符串。

4．在顺序文件中增加记录，实际上是在文件的末尾附加记录，方法是先找到文件最后一个记录号，然后把要增加的记录写在它的后面。

5．使用 Output 方式打开一个已存在的文件将会创建一个新的顺序文件。

6．随机文件、二进制文件的写操作都使用 Get 语句完成。

7．VB 中按文件的访问方式不同，将文件分为文本文件、随机文件和 ASCII 文件。

### 二、选择题

1．下面的叙述不正确的是（　　）。

A．顺序文件的数据是以字符（ASCII码）的形式存储的

B．顺序文件的结构简单

C．能同时对顺序文件进行读写操作

D．对顺序文件的操作只能按一定顺序执行

2．Kill 语句在 Visual Basic 中的功能是（　　）。

A．杀病毒　　B．清屏幕　　C．清内存　　D．删除文件

3．执行语句 Open"C：\Filel.Dat"For Input As #1 之后，系统（　　）。

A．在C盘根目录下建立名为Filel.dat的顺序文件

B．将C盘根目录下的名为Filel.dat的文件内容读入内存

C．将数据存放在C盘根目录下的名为Filel.dat的文件中

D．将某个磁盘文件的内容写入C盘目录下的名为Filel.dat的文件中

4．改变驱动器列表框的 Drive 属性将激活（　　）事件。

A．Change　　B．KeyDown　　C．Click　　D．MouseDown

5．为了把一个记录变量的文件号写入文件中的指定位置，所使用的格式为（　　）。

A．Get#文件号，记录号，变量名　　B．Get#文件号，变量名，记录号

C．Put#文件号，记录号，变量名　　D．Put#文件号，变量名，记录号

6．下面的叙述不正确的是（　　）。

A．Write#语句和Print#语句建立的顺序文件格式完全一样

B．Write#语句和Print#语句都能实现向文件中写入数据

C．Write#语句输出数据，各数据项之间自动插入逗号，并且将字符串加上双引号

D．若使用Print#语句输出数据，各数据项之间没有插入逗号，并且字符串上不加双引号

7．文件号最大可取的值为（　　）。

A．255　　B．511　　C．256　　D．512

8．要在C盘根目录下建立名为File.dat的顺序文件，应先使用（　　）语句。

A．Open"Filel.Dat"For Input AS #1　　B．Open"Filel.Dat"For Output As #1

C．Open"C：\Filel.Dat"For Input As #1　　D. Open"C：\Filel.Dat"For Output AS #1

9．下面对Open"abc．Dat"For Output As #1的功能描述中错误的是（　　）。

A．以顺序输出方式打开文件"abc.Dat"

B．如果文件"abc.Dat"不存在，则建立一个新文件

C．如果文件"abc.Dat"已存在，则打开该文件，新写入的数据将添加到文件尾

D．如果文件"abc.Dat"已存在，则打开该文件，新写入的数据将覆盖原有的数据

10．执行Open"Sample.Dat"For Random As #1 Len=50后，对文件"Sample.dat"中的数据能够进行的操作是（　　）。

A．只能写不能读　　B．只能读不能写

C．既可以读，也可以写　　D．不能读，也不能写

11．下面几个关键字均表示文件打开方式，只能进行读不能写的是（　　）。

A．Input　　B．Output　　C．Random　　D．Append

12．读随机文件中的记录信息，应使用下面（　　）语句。

A．Read 120　　B．Get　　C．Input#　　D．Line Input#

13．目录列表框的Path属性的作用是（　　）。

A．显示当前驱动器或指定驱动器上的路径

B．显示当前驱动器或指定驱动器上的某个目录下的文件名

C．显示根目录下的文件

D．只显示当前路径下的文件

14．为了使Drive1驱动器列表框、Dir1目录路径列表框和Filel文件列表框同步协调工作，需要在（　　）。

A．Drivel的change事件过程中加入Dir1.Path=Drive1.Dnve，在Dirl的change事件中加入File1.Path=Dirl.Path代码

B．Drivel的change事件过程中加入Dir1.Path=Dir1.Path，在Dirl的change事件中加入File1.Path=Drive1.Drive代码

C．Dirl的change事件过程中加入Dir1.Path=Drive1.Drive，事件中加入File1.Path=File1.FileName代码

D．Dirl的change事件过程中加入Dir1.Path=Drive1.Drive，事件中加入File1.Path=Dir1.Pafh代码

15．下列说法错误的是（　　）。

A．当用Write#语句写顺序文件时，文件必须以Output或Append方式打开

B．用Open语句打开一个文件时，对同一个文件可以用几个不同的文件号打开

C．用Output和Append方式打开文件时，不用将文件关闭，就能重新打开文件

D．用Append方式打开文件进行写操作时，写入文件的数据附加到原来文件的后面

16．下列哪个不是写文件语句（　　）。

A．Put　　B．Print#　　C．Write#　　D．Output

17．改变驱动器列表框的 Drive 属性将激活（　　）事件。

A．Change　　B．Scroll　　C．KeyDown　　D．KeyUp

18．以下哪个不是 VB 中的数据文件类型（　　）。

A．顺序文件　　B．数据库文件　　C．随机文件　　D．二进制文件

19．fileFiles．Pattern="*.dat"程序代码执行后，会显示（　　）。

A．只包含扩展文件名为"*.dat"的文件　　B．第一个dat文件

C．包含所有的文件　　D．显示磁盘的路径

20．以下叙述中正确的是（　　）。

A．一个记录中所包含的各个元素的数据类型必须相同

B．随机文件中每个记录的长度是固定的

C．open命令的作用是打开一个已经存在的文件

D．使用Input语句句可以从随机文件中读取数据

21．在 Visual Basic 中，文件按数据编码方式的不同，可分为（　　）。

A．顺序文件和随机文件　　B．文本文件和数据文件

C．数据文件和可执行文件　　D．ASCII文件和二进制文件

22．下面叙述不正确的是：（　　）。

A．顺序文件结构简单

B．能同时对顺序文件进行读写操作

C．顺序文件的数据以字符（ASCII码）形式存储的

D．对顺序文件中的数据的操作只能按一定的顺序执行

23．要在 D 盘 Foot 目录中建立一个名为 BareFeet.dat 顺序文件，应使用（　　）语句。

A．Open “BareFeet.dat” For Output As #1

B．Open “BareFeet.dat” For Input As #1

C．Open “D:\Foot\BareFeet.dat” For Input As #1

D．Open “D:\Foot\BareFeet.dat” For Output As #1

24．执行语句 Open “D:\Silk\Heel.dat” For Input As #2 之后，系统（　　）。

A．将在D盘Silk目录下的名为Heel.dat的文件内容读入内存

B．在D盘Silk目录下建立名为Heel.dat的顺序文件

C．将内存数据存入到D盘Silk目录下的名为Heel.dat的文件中

D．将某个磁盘文件的内容写入D盘Silk目录下的名为Heel.dat的文件中

25．使用 Open 语句打开文件时，如果省略“For 方式”，则打开的文件的存取方式是（　　）。

A．顺序输出方式　　B．随机存取方式　　C．顺序输入方式　　D．二进制方式

26．执行语句 Open “Leg.dat” For Random As #1 之后，系统将（　　）。

A．按随机方式打开一个文件，然后读出定长记录

B．按随机方式建立一个文件，然后写入定长记录

C．按随机方式打开一个文件，然后读出或写入定长记录

D．按随机方式打开或建立一个文件，然后读出或写入定长记录

27．随机文件使用（　　）语句写数据，使用 Get 语句读数据。

A．Input　　B．OutPut　　C．Put　　D．Write

28．假定用语句 Open "fxg.dta" For Output As #1 打开文件，则可以使用（　　）语句关闭该文件。

A．Close　　B．Close#　　C．Close #1　　D．Close #2

29．函数（　　）的功能是返回给出文件分配的字节数，即文件的长度。

A．LOF　　B．LOC　　C．EOF　　D．LEN

30．语句 Print #1 S1, S2 表示（　　）。

A．把变量S1、S2的值写到窗体上

B．把变量S1、S2的值写到文件号为1的文件中

C．把文件S1、S2的内容写到文件号为1的文件中

D．把文件S1、S2的内容写到窗体上

31．下面程序的功能是在文件中查找指定的字符串，在程序的空白处填写相关的语句（　　）。

```
Private Sub Command1_Click()
   T$ = InputBox$("请输入要查找的字符串:")
   Open "C:\feet.bat" For Input As #1
   XS = __________
   Close
   Y = InStr(1, S$, T$)
   If Y <> 0 Then
      Print "找到字符串"; T$
   Else
      Print "未找到字符串"; T$
   End If
End Sub
```

A．Input$(LOF(1),1)　　B．Input$(1, 1)

C．Input$(1, LOF(1))　　D．Input(LOF(1),1)

32．要删除 D 盘根目录下的文件 Fet.bak，可以使用语句（　　）。

A．del "D:\Fet.bak"　　B．Delete "D:\Fet.bak"

C．Kill "D:\Fet.bak"　　D．Kill D:\Fet.bak

33．关于 Print#语句和 Write#语句，下列说法不正确的是（　　）。

A．Print#语句和Write#语句都可以把数据写入顺序文件中

B．Print#语句所“写”的对象是窗体、打印机或控件

C．Write#语句向文件写数据时，数据在磁盘上以紧凑格式存放，能自动地在数据项之间插入逗号，并给字符串加上双引号

D．Print#语句中的各数据项之间可以用分号隔开，也可以用逗号隔开，分别对应紧凑格式和标准格式

34．在 D 盘当前文件夹下建立一个名为 Work.txt 的顺序文件，要求用 Inputbox()函数输入 10 个学生的姓名(StuName)、性别(StuSex)和生日(StuAge)。将程序补充完成。

```
Private Sub Command1_Click()
    Open "D:\Student.txt" For Output As #1
    For i = 1 To 5
        StuName = InputBox("请输入学生姓名")
        StuSeX = InputBox("请输入学生性别")
        stuAge = InputBox("请输入学生出生年月日")
        ______________
    Next i
    Close #1
End Sub
```

A．While Not EOF(1)　　　　B．While EOF(1)

C．Write #2, StuName, StuSex, StuAge　　　　D. Write #2, “StuName, StuSex, StuAge”

## 三、填空题

1．数据文件按其数据的访问方式，可分为______文件、______文件和______文件。

2．在 Visual Basic 中，顺序文件的读写操作通过________和________语句实现。随机文件的读写操作分别通过________和________语句来实现。

3．对于测试当前打开的文件是否在尾部，需用函数________。

4．利用________函数可以测试文件的结构状态。

5．文件指针的定位通过________语句可以实现。

6．若窗体上有一个驱动器列表框、一个目录列表框和一个文件列表框，其名称分别为 MyDrive、MyDir、MyFile，为了使它们同步操作，必须触发________事件。

7．在当前目录下，将文件 DDF.doc 复制到 A4U.doc 中，应使用语句________。

## 四、编程与思考题

1．什么是文件？什么是记录？

2．根据访问模式，文件分为哪几种类型？

3．文件列表框的 FileName 属性中是否包含路径？

4．使用顺序文件建立一个日志文件，记录用户每次登录应用程序使用的账号、密码、登录时间和关闭应用程序时的时间。

5．用三种不同的方法，将文本文件 Text.txt 中的内容读入变量 strT 中写出程序代码。

6．请说明 Print#和 write#语句的区别。

7．请说明 EOF()和 LOF()函数的功能。

8．随机文件和二进制文件的读写操作有何不同？

9．建立一个文本浏览器。窗体上放置驱动器列表框、目录列表框、文件列表框和两个文本框，如图 1-10-1 所示。

要求：

（1）文件列表框能够过滤文本文件。

（2）当单击某文本文件名称后，在 Text1 显示文件名称（包含路径），在 Text2 显示该文件的内容。

（3）当双击某文本文件名称后，调用记事本程序对文本文件进行编辑。

【提示】

（1）针对第二个问题，可以利用顺序文件的读入语句，将磁盘上的文件读入，并在文本框中显示。

（2）调用记事本程序对文本文件进行编辑，可以调用 Shell ( ) 函数，执行记事本可执行程序，并带有文本文件为参数。

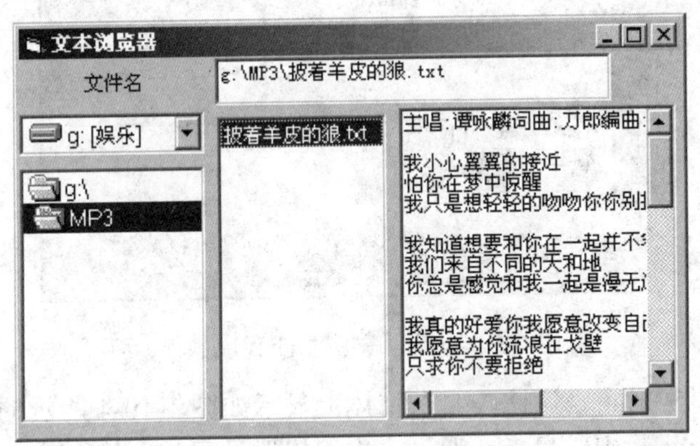


图 1-10-1　编程与思考题 9 运行界面

10．用文件系统控件编写一个简单的图片浏览器。窗体上放置驱动器列表框、目录列表框、文件列表框、一个图像框、两个框架和四个单选按钮，界面如图 1-10-2 所示。

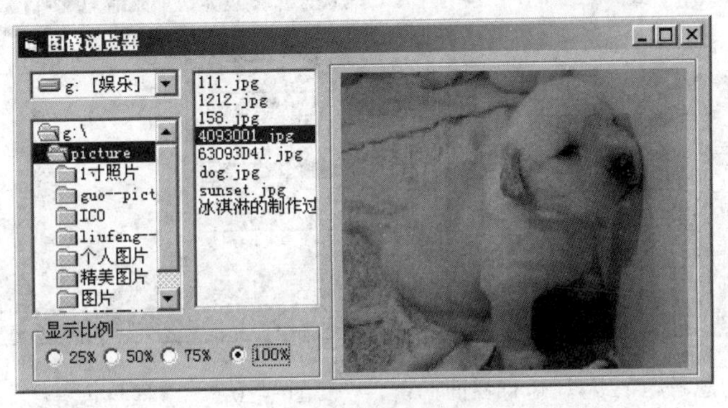


图 1-10-2　编程与思考题 10 程序运行界面

要求：

（1）文件列表框能够过滤扩展名为 wmf、jpg、ico、bmp 的图形文件。

（2）当单击某图形文件后在图像框显示该文件。

（3）单击不同显示比例的单选按钮时，图像等比例地放大或缩小。

思考：由于程序较简单，可考虑添加以下功能。

幻灯片方式播放、上一幅、下一幅，设置为墙纸、查看其他类型文件等功能。

11．建立一个具有 3 个学生三项内容的文本文件，内容分别为姓名 、专业、年龄，前两项是字符串，后一项是整型。单击“建立”按钮，分别利用：

Print #文件号 ，[输出列表];

Write #文件号 ，[输出列表]。

两种格式同时建立两个文件，文件分别为 c:\t1.txt 和 c:\t2.txt（打开两个文件，以不同的文件号区分）。单击“显示”按钮，从磁盘上以行读方式分别读入刚建立的两个文件，分别在两个文本框中显示，比较之间的区别。运行结果如图 1-10-3 所示，看到运行结果后，同学要仔细比较它们之间的区别。

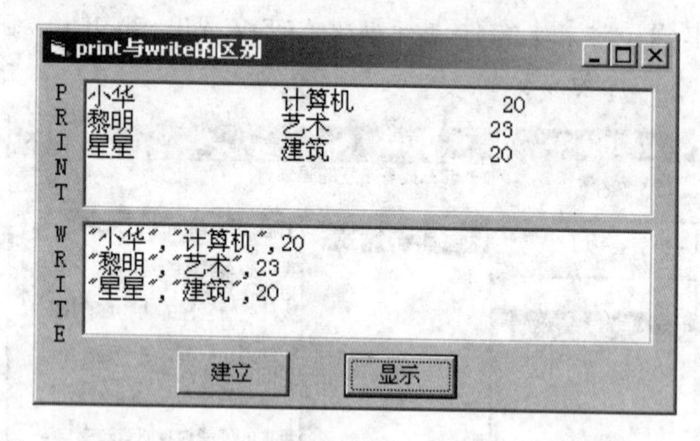


图 1-10-3 编程与思考题 11 程序运行界面

12．Print 方法与 Print 语句比较。在窗体上显示如图 1-10-4 所示的图形，将该图形同时以文本文件 C:\tu.txt 写到磁盘上，通过文本编辑器显示建立的文件。

13．试编写如图 1-10-5 所示的程序，实现新建文件、新建文件夹、写文件的功能，主要练习 FSO 对象的引用及使用。

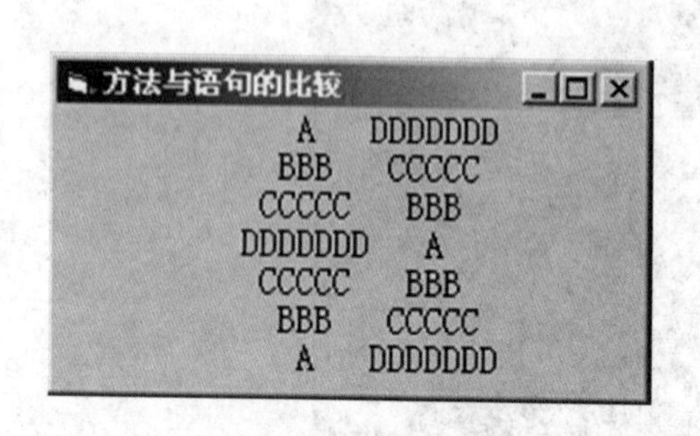


图 1-10-4 编程与思考题 12 程序运行界面

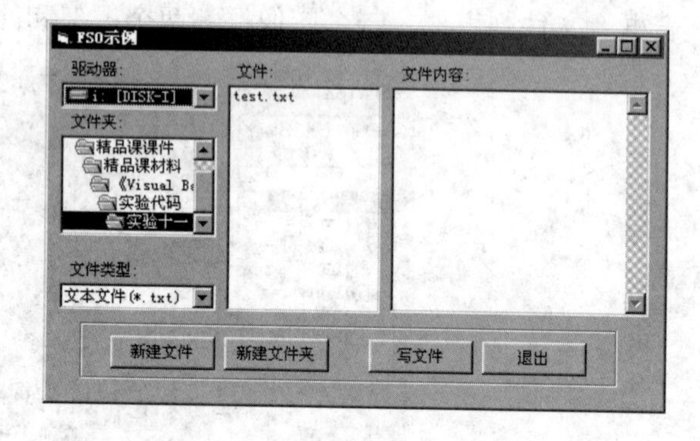


图 1-10-5 编程与思考题 13 程序运行界面

## 10.2 参考答案

### 一、判断题

1．对 2．对 3．对 4．对 5．错 6．对 7．对

## 二、选择题

1～5：C　D　A　A　C　　　　6～10：A　B　A　A　C

11～15：A　B　A　A　C　　　16～20：D　A　B　A　B

21～25：D　B　D　B　B　　　26～30：D　C　C　A　C

30～34：A　C　B　C

## 三、填空题

1．顺序文件　随机文件　二进制文件　2．InPut　OutPut　Get　Put　3．EOF　4．EOF　5．Seek　6．Change　7．FileCopy “DDF.doc”, “A4U.doc”

## 四、编程与思考题

略

# 第 11 章　数据库编程技术

## 11.1　课后习题

一、选择题

1．用二维表数据来表示实体之间的数据模型称为（　　）。

A．实体模型　　B．层次模型　　C．网状模型　　D．关系模型

2．数据库 DB、数据库系统 DBS、数据库管理系统 DBMS 三者之间的关系是（　　）。

A．DBS包含DB、DBMS　　B．DBMS包含DB、DBS

C．DB包含DBS、DBMS　　D．没有关系

3．数据库系统的核心是（　　）。

A．数据库　　B．操作系统

C．数据库管理系统　　D．数据库系统

4．要利用 Data 控件返回数据库中的记录集，需要设置（　　）属性。

A．Connect　　B．DatabaseName　　C．RecordSource　　D．RecordType

5．Data 控件的 Reposition 事件发生在（　　）。

A．移动记录指针之前　　B．记录成为当前记录前

C．修改与删除记录前　　D．记录成为当前记录后

6．在使用 Delete 方法删除当前记录后，记录指针位于（　　）。

A．被删除记录上　　B．被删除记录的下一条

C．被删除记录的上一条　　D．记录集的第一条

7．VB 6.0 创建的数据库与 Access 数据库文件的扩展名均是（　　）。

A．DB　　B．DBF　　C．MDB　　D．DCX

8．在 Visdata 窗口中选中某一个数据表，右击鼠标弹出的快捷菜单中（　　）项是用来添加记录的。

A．设计　　B．打开　　C．新建表　　D．修改

9．将新创建的 Field 对象添加到 Fields 集合中，使用的方法是（　　）。

A．Add　　B．Move　　C．Append　　D．Insert

10．集中移动记录到上一条记录的方法是（　　）。

A．MoveFirst　　B．Update　　C．MoveNext　　D. MovePrevrious

11．将新记录添加到记录集后，保存新记录使用的方法是（　　）。

A．Addnew　　B．Update　　C．CancelUpdate　　D．Refresh

12．将一文本框和数据控件相关联需要设定文本框的属性（　　）。

A．Recordsource和DataSource　　B．DataSource和Datafield

C．DataSource和RecordSetType　　D．Recordsource和RecordSetType

13．当 BOF 属性为 TRUE 时，表示（　　）。

A．当前记录位置Recordset对象的第一条记录

B．当前记录位置Recordset对象的第一条记录之前

C．当前记录位置Recordset对象的最后一条记录

D．当前记录位置Recordset对象的最后一条记录之后

14．设置 ADO 控件访问的数据库名称或路径应设置其（　　）属性。

A．ConnectionString　　B．DatabaseName

C．RecordSource　　D．RecordsetType

15. 在 DataGrid1 控件上显示 ADO 控件(名称：Adodc1)记录集中的数据方法是(　　)。

A．DataGrid1.DataSource=Ado.Recordset

B．Set DataGrid1.DataSource=Adodc1.Recordset Adodc1

C．DataGrid1．DataSource=Adodc1.Recordset

D．Set DataGrid1.DataSource=Ado.Recordset

16．用 find 方法查找记录，如果找不到匹配的记录，则记录定位在（　　）。

A．首记录　　B．最后一条记录

C．查找开始处　　D．随机位置

17．下面的定义语句：

```
Dim Cn AS New ADODB.Connection
Dim rs As New ADODB.Recordset
```

在使用 cn 建立到连接数据库 Student 后，下面操作中不能返回数据表 jbxx 全部记录的操作是（　　）。

A．cn.Execute("select * from jbxx")

B．rs.Open"select * from jbxx"

C．rs.Open"jbxx"

D．Set rs=cn．Execute("jbqk")

18．ADO 对象的 CursorType 属性用来设置游标的类型，下面（　　）游标类型的指针不能随意移动。

A．adOpenStatic　　B．adOpenDynamic

C．adOpenKeyset　　D．adOpenForwardonly

## 二、填空题

1．要使数据绑定控件能通过 Data 控件 Data1 连接的数据库，必须设置控件的______属性为______；要使数据绑定控件能与有效的字段建立联系，还需设置控件的______属性。

2．通过______属性可以访问当前记录指针值。

3．记录集的______属性用于对 RecordSet 对象中的记录计数。

4．如果 Data 控件连接的是单表数据库，则______属性应设置为数据库文件所在的文件夹名，而具体文件名放在______属性中。

5．由于 ADO Data 控件不是 Visual Basic 的标准控件，在使用 ADO Data 控件之前，必须先通过______菜单命令选择______选项，将 ADO Data 控件添加到工具箱。

### 三、程序填空题

下面程序代码用来显示数据表 jsb 中的所有记录，显示完毕后关闭连接对象，释放记录集对象，在空白处填上合适的语句。

```
Dim cn As New ADODB.Connection
Dim ms As New ADODB.Recordset
Dim sql As String
S="Provider=Microsoft.Jet.OLEDB.4.0; Data Source: "&App.Path&"\sys.mdb"
Cn.CursorLocation=adUseClient
Cn.Open______
sql="select * from jsb"
ms.Open sql, ______, adopenStatic, adLockPessimistic
DO While
For I=0 To ms.Fieids.Count-1
  Print______
Next I
____________
  Print
 Loop
Set rs=______
Cn.Close
```

### 四、简答题

1．数据库系统由哪几部分组成？各部分的功能是什么？

2．在 Visual Basic 中访问数据库有哪几种方法？

3．Data 控件支持哪几种记录集？它们有什么区别？

4．如何自动生成 ADO Data 控件的 ConnectionString 属性？

## 11.2 参考答案

### 一、选择题

1～5：D　A　A　C　D　　6～10：A　C　B　C　D

11～15：B　B　B　A　C　　16～18：B　A　D

### 二、填空题

1．DataSource　Data1　DataField　　2．AbsolutePosition　　3．RecordCount

4．DatabaseName　RecordSource

5．工程/部件　Microsoft ADO Data Control 6.0(OLEDB)

## 三、程序填空题

S　　cn　　Not rs.EOF　　rs.Fields(i)　　Value　　rs.MoveNext　　Nothing

## 四、简答题

1．答：数据库系统（DBS）由计算机硬件、数据库管理系统、数据库、应用程序和用户等部分组成。

计算机硬件（Hardware）是数据库系统赖以存在的物质基础，是存储数据库及运行数据库管理系统 DBMS 的硬件资源，主要包括主机、存储设备、I/O 通道等。

数据库管理系统（DBMS）是指负责数据库存取、维护和管理的系统软件。它提供对数据库中数据资源进行统一管理和控制的功能，将用户应用程序与数据库数据相互隔离，是数据库系统的核心，其功能的强弱是衡量数据库系统性能优劣的主要指标。

数据库（DB）是指数据库系统中以一定组织方式将相关数据组织在一起，存储在外部存储设备上所形成的、能为多个用户共享的、与应用程序相互独立的相关数据集合。数据库中的数据也是以文件的形式存在存储介质上的，它是数据库系统操作的对象和结果。数据库中的数据具有集中性和共享性。所谓集中性是指把数据看成性质不同的数据文件的集合，其中的数据冗余很小。所谓共享性是指多个不同应用使用不同语言，为了不同应用目的可同时存取数据库的数据。数据库中的数据由 DBMS 进行统一管理和控制，用户对数据库进行的各种操作都是通过 DBMS 实现的。

应用程序（Application）是在 DBMS 的基础上，由用户根据应用的实际需要开发的应用程序。应用程序的操作范围通常仅是数据库的一个子集，亦即用户所需的那部分数据。

数据库用户是指管理、开发、使用数据库系统的所有人员，通常包括数据库管理员、应用程序员和终端用户。数据库管理员（DBA）负责管理、监督、维护数据库系统的正常运行；应用程序员负责分析、设计、开发、维护数据库系统中运行的各类应用程序；终端用户是在 DBMS 与应用程序支持下，操作使用数据库系统的普通用户。不同规模的数据库系统，用户的人员配置可以根据实际情况有所不同，大多数用户都属于终端用户。在小型数据库系统中，特别是在微机上运行的数据库系统中，通常 DBA 就由终端用户担任。

2．答：在 Visual Basic 中访问数据库有 ADO，DAO，RDO 等三种方法

3．答：通过 Data 控件的 RecordType 属性可以确定记录集类型：Table，Dynaset，Snapshot。

Table 类型记录集，包含实际表中的所有记录，这种类型可以对记录进行添加、删除、查询、修改等操作，直接更新数据库中的数据；Dynaset（动态记录集）（默认），可以是一个或多个表记录的引用，通常由 SQL 语句生成，这种方式先将引用的数据读入到内存中，不直接影响数据库中的数据；Snapshot（快照类型）记录集，以这种类型显示的数据只能读，不能修改，适用于对数据进行查询的情况。

4．答：在 ADO Data 控件的属性窗口中，填写连接参数，单击“确定”即可。

# 第 12 章　程序调试与错误处理

## 12.1　课后习题

一、选择题

1．为了显示当前过程中局部变量的当前值，应用调试窗口中的（　　）。

A．本地窗口　　B．立即窗口　　C．监视窗口　　D．快速监视窗口

2．标志错误处理程序开始的语句是（　　）。

A．Exit Sub　　B．行标号　　C．0nError语句　　D．Resume语句

3．编写程序计算 5 门课的平均成绩，将除数 5 误写为 4，这属于（　　）。

A．系统错误　　B．编译错误　　C．逻辑错误　　D．运行错误

4．在调试时（中断模式），按（　　）键可以让程序逐语句运行。

A．F8　　B．F5　　C．CTRL+F8　　D．ENTER

5．On Error 语句捕捉到错误后，Err 对象的（　　）属性返回错误的代号。

A．Error　　B．Number　　C．HelpFile　　D．Description

6．关于立即窗口的使用方法下面叙述不正确的是（　　）。

A．在设计模式下，可以在立即窗口中计算表达式的值

B．在应用程序中，使用Pmt语句可以把变量的值在立即窗口输出

C．在中断模式下，可以在立即窗口中改变当前变量的值

D．立即窗口内能声明变量

7．关于立即窗口、本地窗口、监视窗口，下面说法正确的是（　　）。

A．上述三种窗口不论在何种模式下都能使用

B．在运行过程中，本地窗口可以自动地显示所有变量的值

C．在中断模式下，可以改变监视窗口中改变当前变量的值

D．在设计模式下，在立即窗口内能声明变量

8．在（　　）中能够设置条件，当该条件为 TRUE 时，自动使程序进入到中断模式。

A．立即窗口　　B．本地窗口　　C．监视窗口　　D．堆栈窗口

9．关于如何设置断点的方法描述中，正确的是（　　）。

① 在代码窗口中把光标移至要设断点的位置上，按调试工具栏上的断点按钮。

② 按 F9 键。

③ 单击“调试”菜单中的“设置断点”选项

④ 直接在该代码行的左部边缘处单击鼠标。

A．只有①②　　B．只有③④　　C．只有①③④　　D．全部正确

10．当使用逐语句方式调试程序时，遇到一个大型的循环语句，要跳过该循环，执行

循环后面的语句，此时应该使用（　　）方式。

A．逐过程　　B．跳出　　C．运行到光标处　　D．没办法

二、填空题

1．VB程序有三种模式，它们分别是__________、__________和__________。

2．VB可能遇到的错误有__________、__________和__________。

3．应用程序可以直接从设计模式进入运行模式，但不可以进入______模式。

4. 运用调试工具可以对产生逻辑错误的程序进行调试，大致可分为三步：__________、__________和__________。

5．用来捕获程序错误的基本语句是__________。

6．退出错误处理的语句是__________。

7．本地窗口只显示__________变量的值。

8．调试工具栏中的跳出功能的含义是__________。

9．要让程序忽略所有的错误，使用的语句是__________。

10．捕获错误并对错误进行处理的目的是__________。

## 12.2　参考答案

一、选择题

1～5：A　B　C　A　B　　6～10：D　C　C　D　B

二、填空题

略。

# 第二部分

# 上 机 实 践

# 实验一　Visual Basic 环境和程序设计初步

## 一、实验目的

1．了解 Visual Basic 系统对计算机软件、硬件的要求和 Visual Basic 的安装方法。
2．熟悉 Visual Basic 程序设计的环境。
3．掌握启动与退出 Visual Basic 的方法。
4．掌握建立、编辑和运行、保存、打开一个简单的 Visual Basic 应用程序的全过程。
5．掌握常用控件（文本框、标签、命令按钮）的应用。

## 二、实验内容

### ❖实验 1.1

用 VB 设计一个应用程序，用鼠标单击窗体显示文字“欢迎使用 Visual Basic 6.0!”，运行程序的结果如图 2-1-1 所示。

操作步骤：

（1）建立工程。

选择“文件”菜单的“新建工程”命令，打开“新建工程”对话框，界面如图 2-1-2 所示。

图 2-1-1　程序运行结果

图 2-1-2　“新建工程”对话框

选择“新建”选项卡，再选择“标准 EXE”，最后单击“打开”按钮，新建一个默认名称为 Form1 的窗体，如图 2-1-3 所示。

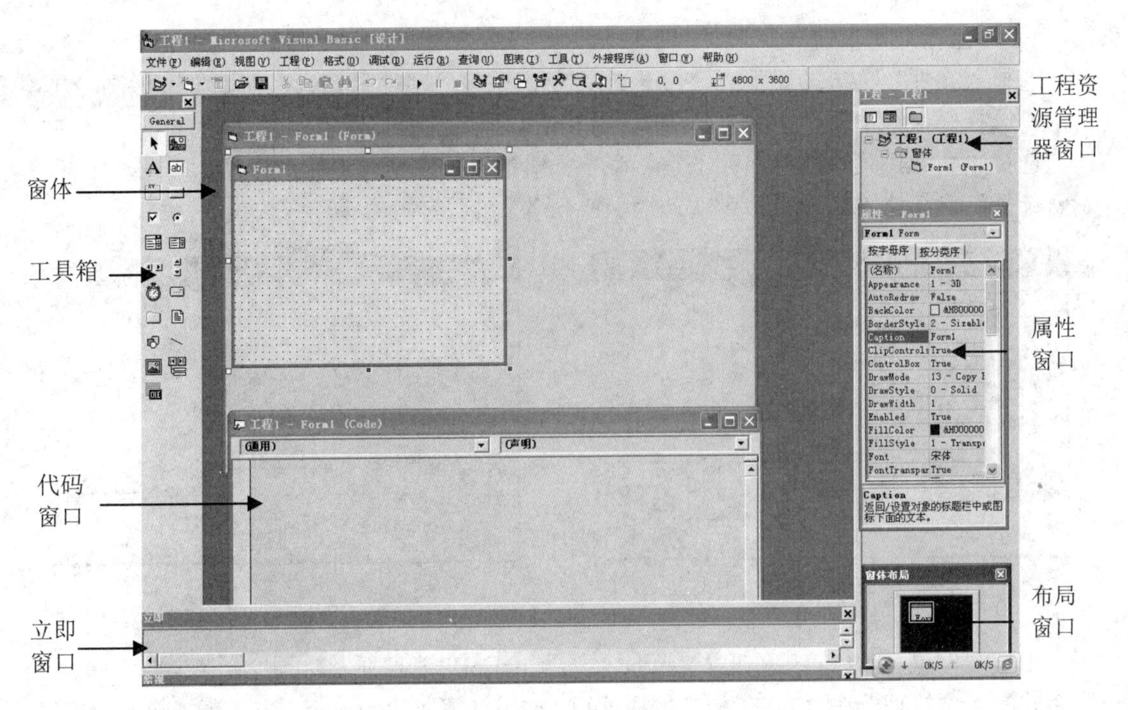


图 2-1-3　VB 窗口的布局

（2）设计界面。

在属性窗口中，参照表 2-1-1 设置窗体 Form1 各个属性的值。

表 2-1-1　窗体属性的设置

| 对象名称 | 属 性 名 | 属性值 | 说　明 |
|---|---|---|---|
| Form1 | Caption | 我的第一个实验练习程序 | 设置窗体标题 |
| | Width | 5000 | 窗体的宽度 |
| | Height | 4000 | 窗体的高度 |
| | BackColor | &H0080FFFF& | 窗口背景颜色（黄） |
| | ForeColor | &H0000C000& | 窗口显示文字的颜色（绿） |
| | Font | 宋体，小三号，粗体 | 窗体文字的字体、字号和字型 |
| | AutoRedraw | True | 解决 Print 显示问题 |
| | MaxButton | False | 最大化按钮是否可用 |
| | MinButton | False | 最小化按钮是否可用 |

（3）编写源代码。

双击窗体空白处，进入代码窗口，为窗体的鼠标单击事件编写事件过程代码。

```
Private Sub Form_Click()
  Form1.Print "欢迎使用 Visual Basic 6.0! "
End Sub
```

（4）调试运行。

选择“运行”菜单的“启动”命令，或者单击“标准”工具栏中的“启动”按钮▶，或者直接按 F5 键，运行程序，检查运行结果是否正确。

（5）保存工程和窗体。

选择“文件”菜单的“保存 Form1”命令，出现“文件另存为”对话框，如图 2-1-4 所示，选择好保存位置，文件名输入“1_1.frm”，然后单击“保存”按钮。

选择“文件”菜单的“保存工程”命令，出现“工程另存为”对话框，如图 2-1-5 所示。选择好保存位置后，文件名输入“1_1.vbp”，然后单击“保存”按钮。

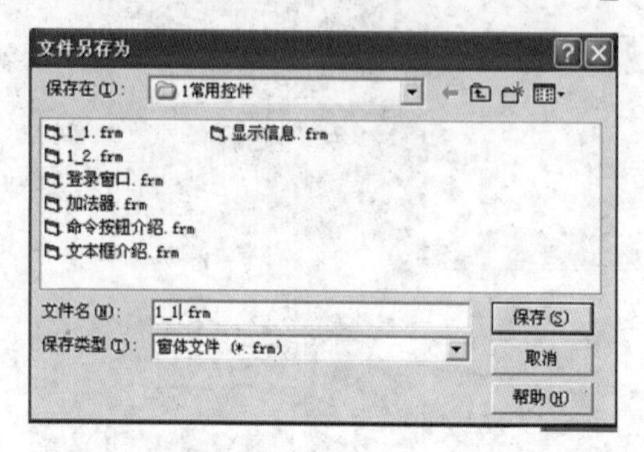


图 2-1-4 “文件另存为”对话框

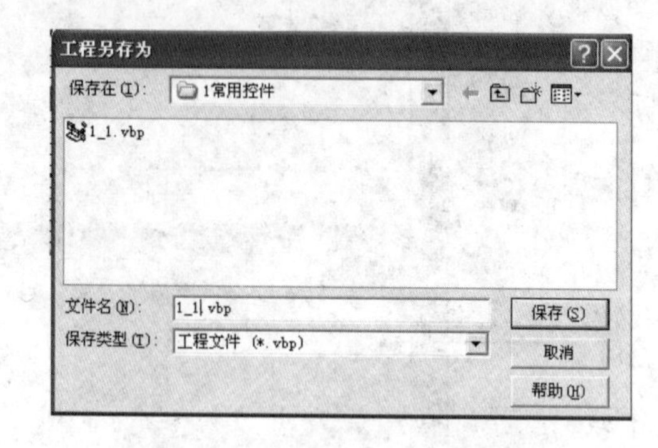


图 2-1-5 “工程另存为”对话框

工程文件保存后，随后弹出“Source Code Control”消息框，询问是否把当前工程添加到微软的版本管理器中，单击“No”按钮即可。如果计算机上没有安装 Visual Source Safe，则不会出现“Source Code Control”消息框。

**注意**：由于一个工程可能会有多种文件，如工程文件和窗体文件，这些文件集合在一起才能构成一个完整的应用程序。因此，建议在保存工程文件时，将同一工程所有类型的文件存放在同一文件夹中，以便于修改和管理工程文件。

保存 VB 工程文件的默认路径是 VB98。

（6）生成可执行文件。

选择“文件”菜单中的“生成工程 1.exe”命令，在打开的“生成工程”对话框中使用“工程 1.exe”文件名，则工程就生成可以脱离 VB 环境的扩展名为 EXE 的可执行文件。

### ❖实验 1.2

自己建立一个工程文件，运行程序并体会效果。窗体及控件的各个属性如表 2-1-2 所示。

**表 2-1-2 对象的属性设置**

| 默认控件名称 | 属　性 |
|---|---|
| Form1 | Caption=”简单实例”，Picture=”windows.jpg” |
| Lable1 | Caption=”欢迎使用”，Fontsize=28,Fontname=”宋体”,Autosize=True |
| Command1 | Caption=””,Style=1,Picture=”key04.ico” |
| Command2 | Caption=””,Style=1,Picture=”mouse1.ico” |

操作步骤：

（1）建立一个工程文件和一个窗体；

（2）按照要求添加相应的控件，1个标签，2个命令按钮；
（3）参照上面的表格更改相应控件的属性，也可以自己选择其他的属性进行设置；
（4）保存窗体文件和工程文件，文件名分别为1.1和实验一。

### ❖实验 1.3

设计一个简单的计算器面板（代码将在后面的章节讲到），界面如图2-1-6所示。
操作步骤：
（1）打开实验一.vbp工程文件，在工程文件中新添加一个窗体；
（2）按照界面要求添加相应控件，1个文本框，16个命令按钮；
（3）更改命令按钮的Caption属性分别为0～9和相应的符号，更改窗体的Caption属性为"简易计算器"；
（4）调整控件的布局，可以通过"格式"菜单下的"对齐"、"统一尺寸"等命令来设置；
（5）保存窗体文件，文件名分别为1.3。

### ❖实验 1.4

利用对象的属性设计一个可以移动的标签。程序的界面如图2-1-7所示。

图2-1-6　实验1.3运行界面

图2-1-7　实验1.4运行界面

操作步骤：
（1）打开实验一.vbp工程文件，在工程文件中新添加一个窗体；
（2）按照界面要求添加相应控件，1个标签，2个命令按钮；
（3）通过窗体的Picture属性向窗体中添加一副图片（同学可以选择自己喜爱的图片），更改标签的Caption属性，更改命令按钮的Style属性为1，通过命令按钮的Picture属性为命令按钮选择合适的图标文件；
（4）编写命令按钮的单击事件代码Click。
向下移动的代码和向上移动的代码分别为：

```
Label1.Top = Label1.Top -50        '向上
Label1.Top = Label1.Top +50        '向下
```

该程序代码也可以使用Move方法来实现：Label1.Move Label1.Left+50。
（5）保存窗体文件，文件名分别为1.4。

思考：如果想实现标签的左右移动，所给的程序该如何改写呢？

### ❖实验 1.5

设计一个能够放大和缩小字体大小及控件大小的程序，要求在程序运行时，单击放大按钮，字体和文本框控件都放大，单击缩小按钮，字体和文本框控件都缩小；程序运行界面如图 2-1-8 和图 2-1-9 所示。

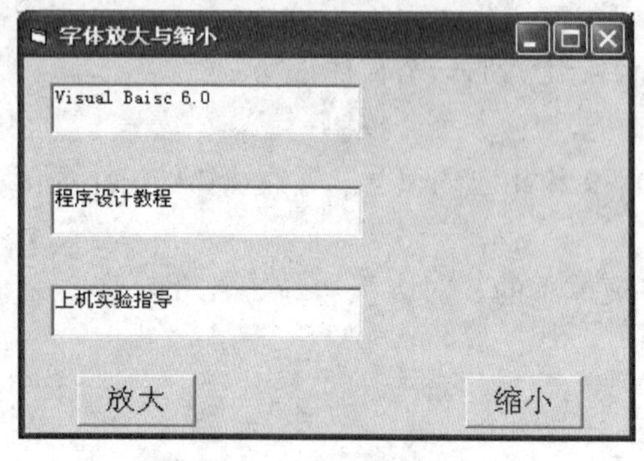

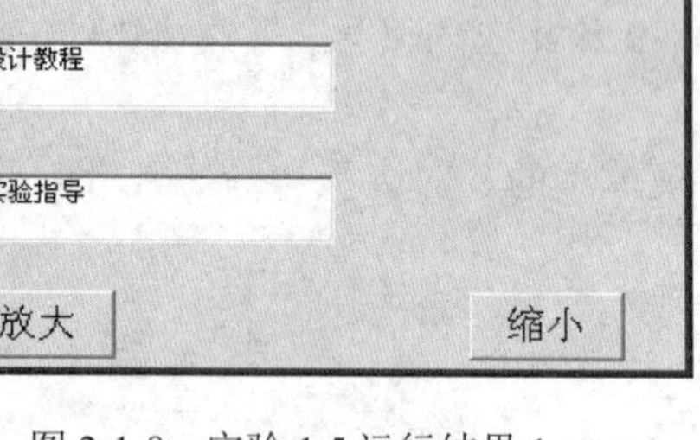


图 2-1-8　实验 1.5 运行结果 1

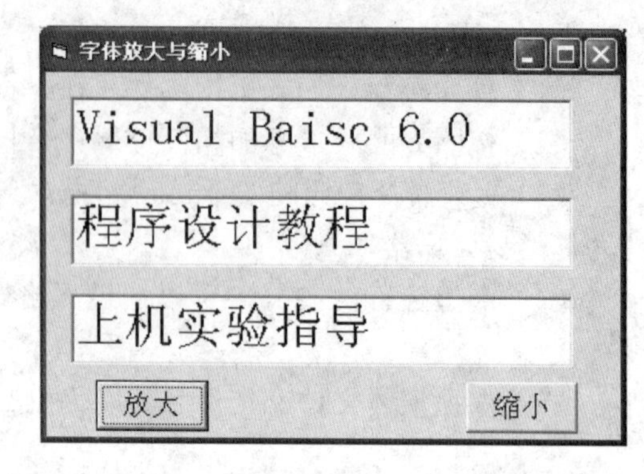


图 2-1-9　实验 1.5 运行结果 2

操作步骤：

（1）打开实验一.vbp 工程文件，在工程文件中新添加一个窗体；

（2）在窗体中放置 3 个文本框和 2 个命令按钮，更改相应的属性；

（3）编写放大按钮和缩小按钮的 Click 事件代码；

**【提示】**

要想更改字体的大小，只要更改其控件所对应的 Fontsize 属性即可；要想更改控件的大小，只要更改其控件的 Width 和 Height 属性即可；

放大按钮的事件代码如下：

```
Text1.FontSize = Text1.FontSize + 3
Text1.Height = Text1.Height + 40
Text1.Width = Text1.Width + 400
Text2.FontSize = Text2.FontSize + 3
Text2.Height = Text2.Height + 40
Text2.Width = Text2.Width + 400
Text3.FontSize = Text3.FontSize + 3
Text3.Height = Text3.Height + 40
Text3.Width = Text3.Width + 400
```

缩小按钮的事件代码只是将上面代码中的“+”号改为“-”即可，在进行相减的时候要考虑到极限的问题。

（4）保存窗体文件，文件名分别为 1.5；

（5）生成可执行文件。首先在“文件”菜单中选择生成“实验一.exe”命令，然后在弹出的对话框中选择保存的路径和书写保存后的文件名。

# 实验二　数据类型、运算符和表达式

## 一、实验目的

1．掌握 Visual Basic 数据类型的基本概念。

2．掌握变量、常量的定义规则和各种运算符的功能及表达式的构成和求值方法。

3．了解 Visual Basic 的标准函数，掌握部分常用标准函数的功能和用法。

4．巩固前面所学到的知识。

## 二、实验内容

### ❖实验 2.1

熟悉部分标准函数的功能，设 x=2732.87，y=-658.236，z=3.14159*30/180，完成下面的函数：Int(x)，Fix(x)，Int(y)，Fix(y)，Cint(x)，Hex(Int(x))，Oct(Fix(x))，Abs(y)，Sin(z)，Cox(z)。

### ❖实验 2.2

通过所学到的知识完成以下练习操作：

（1）练习在“通用—声明”部分定义符号常量：pi=3.141592654　　e=2.718281728。

（2）练习在“通用—声明”部分定义数值变量：A1（整型），A2（长整型）、A3（单精度实型）、A4（双精度实型）。

（3）练习在“通用—声明”部分定义字符型变量：B1，B2，B3。

（4）练习在“通用—声明”部分定义布尔（逻辑）型变量：C1，C2，C3。

（5）练习在 Private Sub Form_Click()—End Sub 过程中用符号说明下列变量：

A—整型，B—长整型，C—单精度实型，D—双精度实型，E—字符型。

（6）在标准模块中定义全局变量：Public Name As String,Old As Single , Sex As Boolena。

### ❖实验 2.3

试验 Visual Basic 中 3 种除法运算符（/、\、Mod）的区别，界面如图 2-2-1 所示。

操作步骤：

（1）在窗体中放置 5 个标签、5 个文本框和 1 个命令按钮，5 个标签的标题和命令按钮的相应属性如图 2-2-1 所示，5 个文本框的 Text 属性均为空，按照图 2-2-1 的布局样式来调整放置的控件；

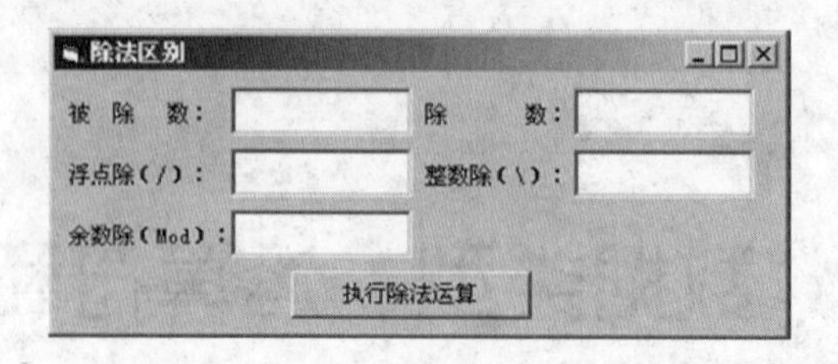


图 2-2-1　实验 2.3 运行界面

（2）编写命令按钮的事件过程代码；

```
Dim divid As Single, divis As Single  '定义变量
divid = Val(Text1.Text)
divis = Val(Text2.Text)
Text3.Text = Str(divid / divis)
Text4.Text = Str(divid \ divis)
Text5.Text = Str(divid Mod divis)
```

（3）运行程序并调试，运行程序后输入相应的测试数据，看输出结果的区别；

（4）保存窗体为 2.3，保存工程为实验二。

### ❖实验 2.4

设计程序，检测变量的数值范围。

操作步骤：

（1）在工程文件中添加一个窗体，在窗体的通用声明中定义变量 *a* 和 *b*，代码如下：

```
Dim a As Integer, b As Integer;
```

（2）在窗体的单击事件中书写代码：

```
  a = 32767
  b = 32768               '赋值超出范围
Print a
Print b
```

（3）运行程序，并单击窗体，则出现错误信息。

### ❖实验 2.5

设计一个小程序，对八进制数 123 和十六进制数 AAA 转换为十进制数，单击窗体后即显示结果，如图 2-2-2 所示。

图 2-2-2　实验 2.5 运行界面

操作步骤：

（1）在工程文件“实验二.vbp”中添加一个窗体；

（2）在通用声明中，书写定义变量语句：

```
Dim a As Long, b As Long
```

（3）编写窗体的单击事件代码：

```
a = &O123&
b = &HAAA&
Print "八进制数 123 是十进制数的"; a
Print
Print "十六进制数 AAA 是十进制数的"; b
```

（4）运行程序，查看结果；

（5）保存窗体文件为 2.5。

### ❖实验 2.6

定义一个变体型变量，分别用于计算 100 的平方，对两个字符串进行连接。

操作步骤：

（1）在工程文件中添加一个窗体；

（2）在窗体的通用声明中定义变体型变量，代码如下：Dim a As Variant

（3）编写窗体的单击事件代码：

```
a = 100
s = a * a
Print s
a = "100 的平方为："
a = a + Str(s)
Print a
```

（4）运行程序，并单击窗体会出现图 2-2-3 所示结果，然后保存窗体文件为 2.6。

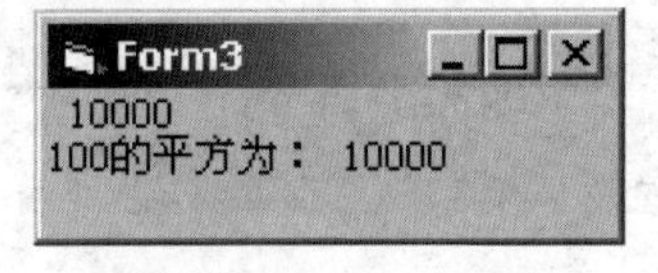


图 2-2-3　实验 2.6 运行界面

### ❖实验 2.7

上机练习常用字符串函数。

（1）Chr 函数应用练习。

编程显示函数 Chr（65）～Chr（96）的值，显示 ASCII 码。程序代码：

```
Private Sub Form_Load()
Form1.Height = 5100
End Sub
```

```
Private Sub Form_Click()
  For x = 65 To 96
   y = Chr(x)
  Print y
  Next x
End Sub
```

（2）应用“String”函数自动产生 N 个字符串。

练习：用“String”函数产生 50 个@，在窗体上的文本框中显示出来。

**注意**：将文本框 Text1 的 MultiLine 属性值设为 True。

程序代码：

```
Private Sub Command1_Click()
 Text1.Visible = True
 Text1.FontSize = 12
 Text1.Text = String$(200, "@")
End Sub
Private Sub Form_Load()
 Text1.Visible = False
End Sub
```

程序运行效果如图 2-2-4 所示。

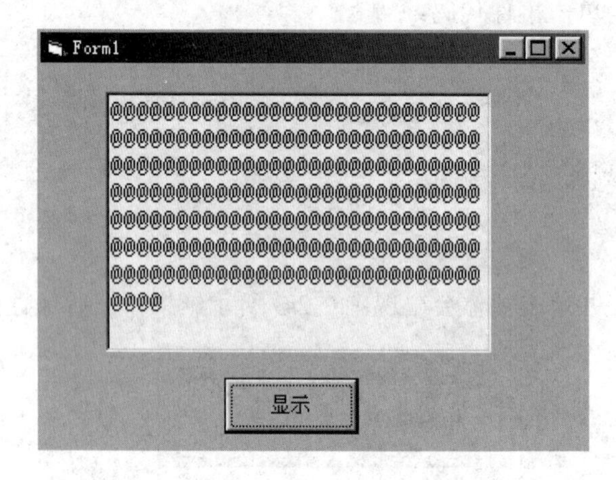


图 2-2-4　实验 2.7 运行界面

（3）用 Left$函数从你自己设定的一行文字（大于 10 个）中的最左面开始，截取 10 个字符组成新的字符串。

（4）用 Right 函数从你自己设定的一行文字（大于 10 个）中的最右面开始，截取 10 个字符组成新的字符串。

（5）用 Mid 函数从你自己设定的一行文字（大于 10 个）中的左面第三个开始，截取 10 个字符组成新的字符串。

（6）用 Lcase 函数将字符串 ABCDEFGHIJKLMNOP 转换为小写，并在窗体上将结果显示出来。

（7）用 Ucase 函数将字符串 abcdefghijklmnop 转换为大写，并在窗体上显示出来。

（8）Ltrim 函数、Rtrim 函数、Trim 函数综合应用练习。见下列程序：

```
Private Sub Form_Click()
  a = "          黑龙江省"
  b = "鸡西市          "
  c = "     鸡冠区     "
f = LTrim$(a) + RTrim$(b) + Trim$(c)
Print
Print f
End Sub
```

（9）Str$函数练习。

题目：将下面三组数转换为字符，再连接起来：

1234567，4567890，7654321

（10）Val$函数练习。

题目：在窗体上添加三个文本框，第一个输入被加数，第二个输入加数，第三个显示计算结果，用一个命令按钮进行计算操作。界面如图 2-2-5 所示。

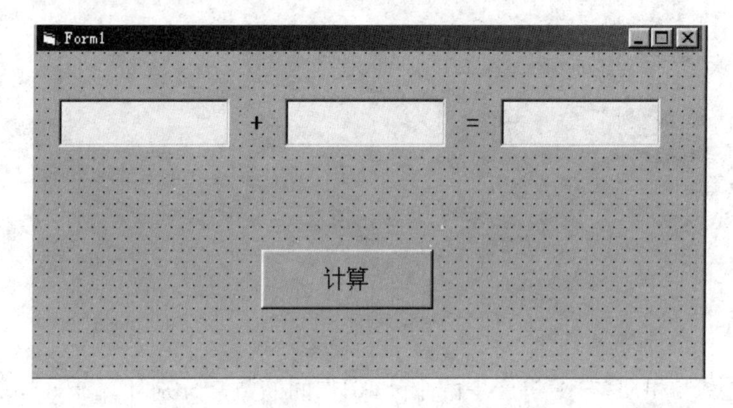


图 2-2-5　Val 函数

程序代码：

```
Dim a As Single, b As Single, c As Single, y As String
Private Sub Form_Load()
Text1.FontSize = 15
Text2.FontSize = 15
Text3.FontSize = 15
End Sub
Private Sub Command1_Click()
a = Val(Text1.Text)
b = Val(Text2.Text)
c = a + b
Text3.Text = Str(c)
End Sub
```

### ❖实验 2.8

编写一个计算课程成绩的小程序，具体计算方法如下：

设计一个能实现计算《操作系统》课程期末综合成绩的简单程序，期末综合成绩=平时成绩×20%＋考试成绩×80%。如图 2-2-6 所示。

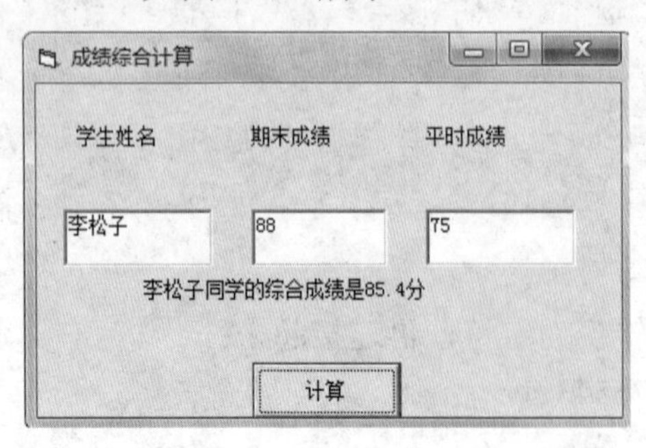


图 2-2-6　运行结果界面

```
Private Sub Command1_Click()
  Dim zcj As Single, ps As Single, ks As Single  '变量定义
  Dim xm As String
  xm = Text1.Text                               '数据输入
  ks = Val(Text2.Text)
  ps = Val(Text3)
  zcj = ks * 0.8 + ps * 0.2                     '数据的运算处理
  Label4.Caption = xm & "同学的综合成绩是" & zcj & "分"
End Sub
```

### ❖实验 2.9

假设有变量 x%和 y%，随机产生两个[1,10]之间的数，分别计算 x/y 和 x\y 的值，设计一个简单的窗体。窗体装入界面如图 2-2-7 所示，运行结果界面如图 2-2-8 所示，然后比较两种除法的区别。

图 2-2-7　窗体装入界面

图 2-2-8　窗体运行结果界面

**注意**：本实验考查的是学生如何利用随机函数生成指定区间的数值。

源代码：

```
Dim x%, y%                      '在“通用”状态下定义模块变量，各个过程均有效
Private Sub Form_Load()
    x = Int(Rnd * 10 + 1)        '产生[1,10]之间的数
    Text1.Text = Str(x)         'str函数，数据类型进行转换
    y = Int(Rnd * 10 + 1)
    Text2.Text = Str(y)
    Text3.Text = ""             '清除文本框内容
    Text4.Text = ""
End Sub

Private Sub Command1_Click()
    Text3.Text = x / y
    Text4.Text = x \ y
End Sub
Private Sub Command2_Click()
Text3.Text = ""
   Text4.Text = ""
   Text1.SetFocus               '文本框text1重新获得焦点
    Randomize                   '设置随机种子，每次产生的随机数不同
    x = Int(Rnd * 10 + 1)
    Text1.Text = Str(x)
    y = Int(Rnd * 10 + 1)
    Text2.Text = Str(y)
End Sub

Private Sub Command3_Click()
   End
End Sub
```

# 实验三　顺序程序设计

## 一、实验目的

1．掌握表达式、赋值语句的正确书写规则。
2．掌握 InputBox 与 MsgBox 函数和语句的使用方法。

## 二、实验内容

### ❖实验 3.1

编写一个华氏温度与摄氏温度之间转换的程序，运行界面如图 2-3-1 所示：。

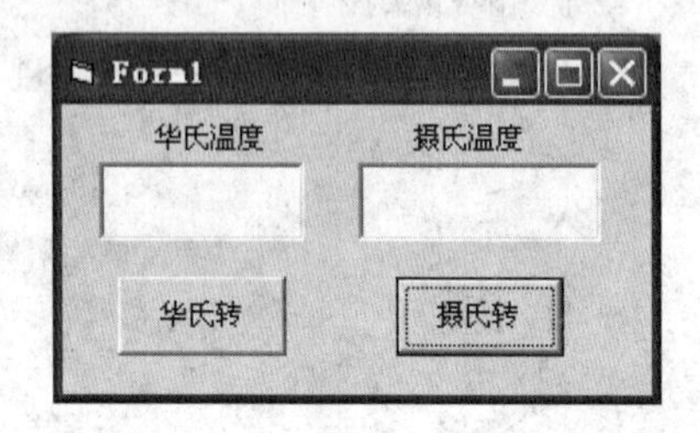


图 2-3-1　实验 3.1 运行界面

图 2-3-2　实验 3.2 运行界面

在转换过程中要使用的公式如下：

$F=\frac{9}{5}C+32$　　摄氏温度转化为华氏温度，$F$ 为华氏。

$C=\frac{5}{9}(F-32)$　华氏温度转化为摄氏温度，$C$ 为摄氏。

要求用按钮实现转换。即单击“华氏转”按钮，则将摄氏温度转换为华氏温度。同样，单击“摄氏转”按钮，则将华氏温度转换为摄氏温度。

【提示】

（1）在上述公式中右边的变量 $F$、$C$ 应该是有值的，该值可以通过 Text1、Text2 分别赋值获得，然后通过公式计算得到转换结果。也可以不使用变量 $F$、$C$，直接使用 Text1、Text2 进行计算。

（2）Text 文本框存放的字符类型的数据，为了程序能够正常运行，应该通过 Val()函数将字符类型转换成为数值类型。

程序的代码分别如下：

```
Private Sub Command1_Click()
 Dim f!, c!                              '使用变量
  f = Text1
  c = 5 / 9 * (f - 32)
  Text2 = c
End Sub
Private Sub Command2_Click()
  Text1 = 9 / 5 * Val(Text2) + 32     '不使用变量，直接使用文本框
End Sub
```

### ❖实验 3.2

窗体上有 2 个命令按钮，第一个按钮显示“文字处理”、第二个按钮显示“VB”，要求单击按钮，执行相对应的应用程序。

**【提示】**

（1）“文字处理”即 Word 软件的可执行文件名“WinWord.exe”，可以通过“开始”菜单的“查找”命令找到该文件的所在位置，然后将该可执行文件的路径填写到 Shell（ ）函数的括号中即可。

（2）“VB”的处理方法和“文字处理”的方法是一样的。

两个命令按钮的代码分别如下：

“文字处理”代码：i = Shell("C:\Program Files\Microsoft Office\Office\WinWord.exe", 1)

“VB”代码：　　i = Shell("C:\Program Files\Microsoft Visual Studio\VB98\VB6.exe", 1)

### ❖实验 3.3

计算两个随便输入数据的和、差、积。程序代码如下：

```
Dim a As String
Dim b As String
Private Sub Form_Click()
   a = InputBox$("输入 A 的值")
   b = InputBox$("输入 B 的值")
   x = Val(a):y = Val(b)
   Print
   Print
   Print "两数之和="; x + y
   Print "两数之差="; x - y
   Print "两数之积="; x * y
End Sub
```

### ❖实验 3.4

利用 InputBox$函数输入一个正整数，若输入正确，计算其平方根。程序代码如下：

```
Private Sub Form_Click()
inputx: x = InputBox("输入正整数", "数据输入对话框")
   y = Val(x)
   r = MsgBox("检查输入的数据并确认", 4 + 32, "数据检查对话框")
 If r = 6 Then
    Print y & "的";
Print "平方根值="; Sqr(y)
 Else
   If r = 7 Then
     GoTo inputx
   End If
 End If
End Sub
```

❖实验 3.5

设计一个顺序结构小程序。已知：光的速度是 30 万公里。从太阳表面到地球表面用时 8 分 18 秒，从地球到银河系中心要用 3 万年，从银河系到仙女座星云要用时 260 万年，而从地球到总系的中心，即是仙女星座宽帽星云要用时 4500 万年。编程计算上述几个光线走过的距离（公里）。

程序代码如下：

```
Dim x As Single
Dim a1,a2,a3,a4,a5 As Double
Private Sub Form_Click()
x = 300000
d = 360
t1 = 24:t2 = 60:t3 = 60
a1 = d * t1 * t2 * t3 * x
a2 = (8 * t2 + 18) * x
a3 = 30000 * a1
a4 = 2600000 * a1
a5 = 45000000 * a1
Print "光线走一年的距离是："; a1; "公里"
Print
Print "从太阳到地球的距离为："; a2; "公里"
Print
Print "从地球到银河系的距离为："; a3; "公里"
Print
Print "从银河系到仙女座星云的距离为"; a4; "公里"
Print
Print "从银河系到仙女座宽帽星系的距离为"; a5; "公里"
End Sub
```

### ❖实验 3.6

验证下列格式化输出语句。

```
Dim a As Single,b As Single
a=123456789
b=125/240
Print format$(a,"0000000000")              '前面补 0
Print format$(a,"###,###,###.00")          '分节与小数点
Print format$(b,"%")                      '输出百分数
Print format$(a,"-#########")              '输出负数
Print format$(2345,"####E+5")              '输出浮点数
```

**独立思考后完成项目：**

（1）编写一个程序，要求输入半径后，计算圆的面积和圆的周长。

（2）编写程序，在窗体中放置一个命令按钮“退出”，要求在运行时单击“按钮”弹出对话框，要求用户选择“是”或“否”按钮后，才能够真正实现是否退出。

# 实验四　选择结构程序设计

## 一、实验目的

1．掌握逻辑表达式的正确书写格式。
2．掌握单分支与双分支条件语句的使用。
3．掌握多分支条件语句的使用。
4．掌握情况语句的使用及与多分支条件语句的区别。

## 二、实验内容

### ❖实验 4.1

利用计算机解决古代数学问题“鸡兔同笼问题”。即已知在同一个笼子里有总数为 *M* 只鸡和兔，鸡和兔的总脚数为 *N* 只，求鸡和兔各多少只？

**【提示】**

*M*、*N* 可以通过 Inputbox ( ) 函数获得，鸡、兔的只数可以通过列出相应的方程解出，但不要求出荒唐的解（如：3.5 只鸡，4.5 只兔，或者求出的只数为负数，也就是说输入的总脚数必须为偶数，并且脚数应该是头数的倍数），若出现荒唐的解，要求显示相关的信息，并要求重新输入数据。

程序运行时单击“单击按钮”，弹出输入数据对话框，程序运行界面如图 4-1 所示。

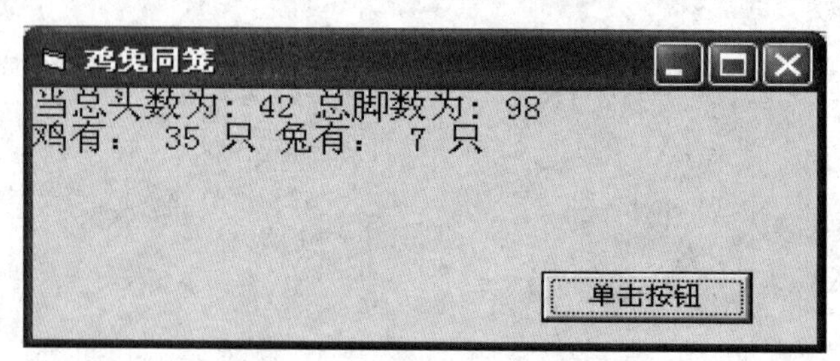


图 2-4-1　实验 4.1 运行界面

程序代码如下：

```
Dim m%, n%, x%, y%
m = InputBox("输入总头数")
```

```
re: n = InputBox("输入总脚数")
    If n Mod 2 <> 0 Then
      MsgBox ("脚数为奇数,重新输入")
      GoTo re
    End If
    If n < 2 * m Then
      MsgBox ("脚数小于头数的倍数,重新输入")
      GoTo re
    End If
    y = n / 2 - m
    x = m - y
    Print "当总头数为:"; m; "总脚数为:"; n
    Print "鸡有: "; x; "只 兔有: "; y; "只"
```

❖实验 4.2

计算一个一元二次方程的两个根，系数分别用 *a*、*b*、*c* 表示，界面如图 4-2 所示。

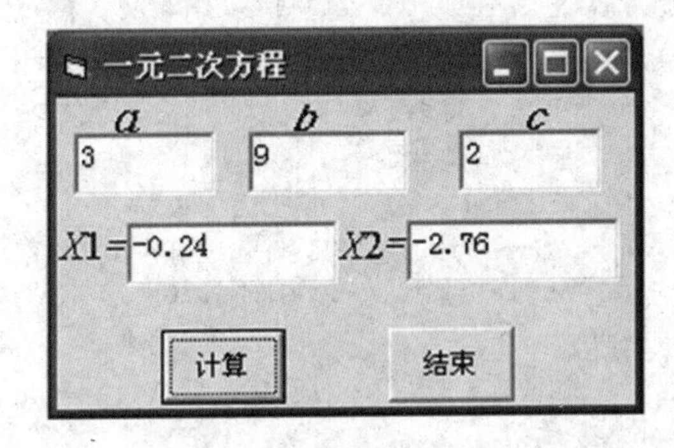


图 2-4-2　实验 4.2 运行界面

【提示】

（1）求根的时候要对三个系数分别考虑多种情况的处理，即：重根、复根等。

（2）防止当执行 Sqr 函数时，显示“无效的过程调用或参数”的出错显示，原因是 Sqr 函数调用时，自变量出现负数是无法执行的，例调用 Sqr（-5）会产生错误。

程序代码如下：

```
Dim a#, b#, c#, x1#, x2#          '在通用中声明变量
Private Sub Command1_Click()
Dim dalt!
a=val(text1.text):b=val(text2.text):c=val(text3.text)
dalt = b * b - 4 * a * c
   If dalt > 0 Then                              '两个实根
      dalt = Sqr(dalt)
      Text4 = Format((-b + dalt) / 2 / a, "0.00")
      Text5 = Format((-b - dalt) / 2 / a, "0.00")
   ElseIf dalt = 0 Then                          '重根
      Text4 = Format(-b / 2 / a, "0.00")
```

```
        Text5 = Format(-b / 2 / a, "0.00")
     Else
        dalt = Sqr(-dalt)                    '复根
        Text4 = Format(-b / 2 / a, "0.00") & "+" & Format(dalt / 2 / a, "0.00")
& "i"
        Text5 = Format(-b / 2 / a, "0.00") & "-" & Format(dalt / 2 / a, "0.00")
& "i"
     End If
  End Sub
```

思考：如果用户在三个文本框中输入的不是数字而是其他字符，那么程序将会出现错误，如何加以限制三个文本框中只能输入数字字符呢？请同学们思考后改写程序。

应该在原有程序的基础上添加一些其他代码，如下：

```
  Private Sub Text1_LostFocus()
  If Not IsNumeric(Text1) Then      '输入数据不是为数字
     Text1 = ""                     '清除文本框
     Text1.SetFocus                 '焦点回到该文本框
   Else
     a = Text1                      '输入正确，同时放入变量 a 中，为计算时使用
   End If
  End Sub

  Private Sub Text2_LostFocus() '当该框内输入过内容，且内容为非数字
   If Text2 <> "" And Not IsNumeric(Text2) Then
     Text2 = ""
     Text2.SetFocus
   Else
     b = Text2
   End If
  End Sub
```

第三个文本框(Text3)的代码与第二个文本框的代码相同，只是更改相应的对象名称。

### ❖实验 4.3

输入一个数字（1～7），用英文或汉语显示对应的星期一至星期日。

**【提示】**

使用 Select 语句来实现是比较方便的。

### ❖实验 4.4

编制程序，计算某个学生奖学金的等级（假定只考虑一等奖），以三门功课的成绩 m1、m2 和 m3 作为评奖依据。奖学金一等奖评定标准如下：

（1）平均分数大于 95 分的学生。

（2）有两门成绩为 100 分，且第三门功课的成绩不低于 80 分的同学。

【提示】

（1）求三门课程的总分，必须首先输入三门课程的成绩（可以通过文本框或通过Inputbox函数），然后转换成数值型m1、m2、m3，在计算总分；在计算总分的时候要使用Val（）函数，否则可能出现荒唐的结果。

（2）一等奖获得的情况有多种，在判断时主要是以逻辑表达式为主，该表达式的书写都为长句子，为了增加程序的可读性，应该将长句子分为短句子，再通过逻辑变量或运算来实现。

程序运行界面如图2-4-3所示，“判断”按钮的单击事件代码如下：

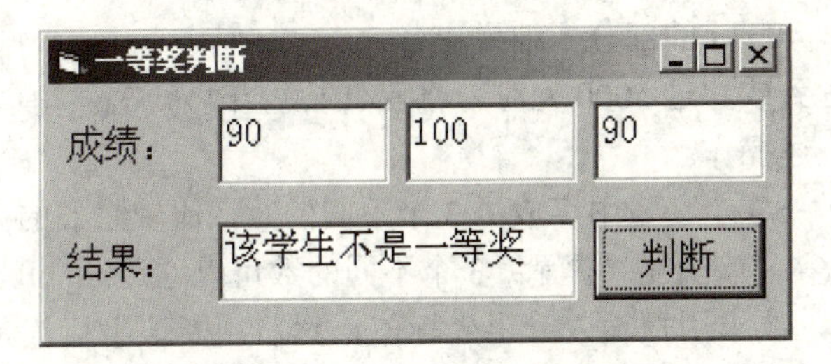


图2-4-3　实验4.4运行界面

```
Dim b1 As Boolean, b2 As Boolean, b3 As Boolean, b4 As Boolean
Dim m1%, m2%, m3%
m1 = Text1:   m2 = Text2:   m3 = Text3
、多个情况分别存放在各自的逻辑变量中，条理清楚
b1 = (m1 + m2 + m3) / 3 >= 95
b2 = (m1 = 100 And m2 = 100 And m3 >= 80)
b3 = (m3 = 100 And m2 = 100 And m1 >= 80)
b4 = (m1 = 100 And m3 = 100 And m2 >= 80)
If b1 Or b2 Or b3 Or b4 Then
  Text4 = "一等奖"
Else
  Text4 = "该学生不是一等奖"
End If
```

### ❖实验4.5

由键盘输入三个数字 *x*、*y*、*z*，编写程序，将这三个数字按照从小到大的顺序依次在窗体上显示出来。

【提示】

（1）x、y、z这三个数字可以通过Inputbox（）函数实现，也可以通过文本框来接收数据。比较大小可以通过3个单分支If语句来实现，也可以通过1个单分支If语句和一个嵌套If语句来实现。

（2）在窗体上显示数据，可以通过Print语句来实现。

### ❖实验 4.6

设计一个程序，从键盘上输入成绩，统计 60 分以下，60～70，70～80，80～90，90 分以上的学生数，并计算及格与不及格的人数及平均分数。要求用 Input$函数输入数据。用带 ElseIf 子句的结构进行程序设计。（也可以采用 Select Case 语句）

**独立思考后完成项目：**

（1）税务部门征收所得税，有如下规定：

第一，收入在 200 元以内的，免征；

第二，收入在 200～400 元，超过 200 元的部分纳税 3%；

第三，收入超过 400 元的部分，纳税 4%；

第四，当收入达到或超过 5000 元时，将 4%的税金改为 5%。

编写程序实现上述操作。

（2）已知 $x$、$y$、$z$ 3 个变量中存放了 3 个不同的数，比较它们的大小并进行调整，使得 $x>y>z$。编写程序实现该功能（提示：3 个不同的数可以通过 inputbox 函数进行输入）。

（3）编写程序，要求用户输入一组坐标值，然后判断该坐标值是在哪个象限，将结果在屏幕中显示出来。

# 实验五　循环结构程序设计

## 一、实验目的

1．熟悉掌握 for……next 循环语句的结构、执行过程。
2．学会确定循环条件和循环体。
3．理解死循环的概念。
4．熟练掌握 do—loop 循环语句的结构、执行过程。
5．学会确定循环条件和循环体。
6．掌握 while 和 until 语句的区别。
7．掌握用循环编写程序的方法。
8．熟练掌握循环嵌套的程序设计方法。
9．掌握 exit for 和 exit do 语句的使用。

## 二、实验内容

### ❖实验 5.1

用单循环显示有规律图形，图形如图 2-5-1 所示。

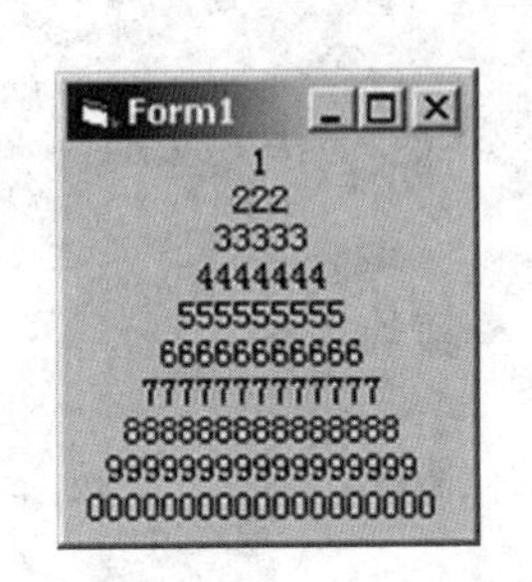

图 2-5-1　实验 5.1 运行界面

**【提示】**

（1）循环体内显示用 String 函数来实现，找出循环控制变量与 String 函数内个数的关系，即：String(I,Trim(str(i)))。

（2）Trim 函数是去掉字符串两边的空格。因为将数值 I 转换成字符，系统自动在前面加上符号位，正数为空格，负数为“－”；而 String 函数只取字符串中的第一个字符，本例中为空格，因此要利用 Trim 函数除去空格。

（3）为了使最后一行显示 0，如果按照上面的公式为 1，则需要将公式修改为：

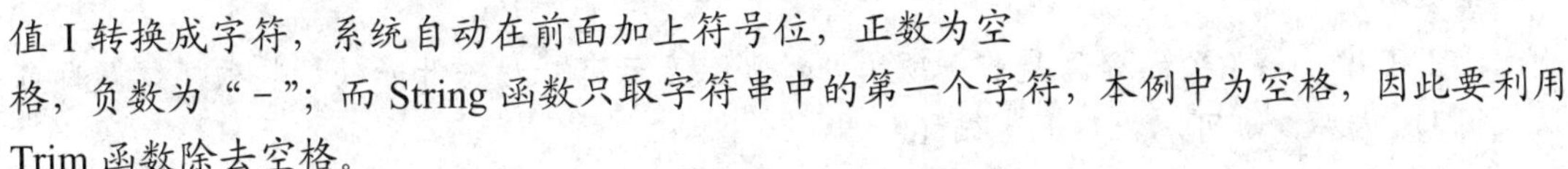

```
String(I,Right(str(i),1))。
```

程序代码如下：

```
Private Sub Form_Click()
  Dim i%
```

```
  For i = 1 To 10
    Print Tab(12 - i); String(2 * i - 1, Right(Trim(i), 1))
  Next i
End Sub
```

### ❖实验 5.2

编程计算水仙花数，水仙花数是一个 3 位数，其各位数值的立方和等于该数字本身。如：153 是一个水仙花数，即：$153=1^3+5^3+3^3$。

**【提示】**

该程序主要是要利用 For 的嵌套循环来完成实现的，在进行循环的时候要注意循环变量的合理设置。

程序代码如下：

```
Private Sub Form_Click()
Dim a, b, c, i As Integer
For a = 1 To 9
    For b = 0 To 9
       For c = 0 To 9
       If a * 100 + b * 10 + c = a * a * a + b * b * b + c * c * c Then
       i = a * 100 + b * 10 + c
       Print i
       End If
       Next c
    Next b
Next a
End Sub
```

### ❖实验 5.3

计算 $S=1+\frac{1}{2}+\frac{1}{4}+\frac{1}{7}+\frac{1}{11}+\frac{1}{16}+\frac{1}{22}+\frac{1}{29}\cdots$，当第 I 项的值$<10^{-4}$时结束。

**【提示】**

找出规律，第 I 项的分母是前一项的分母加上表示有分母项开始的计数项。该题目可以采用 Do 循环，也可以采用 For 循环。

两种循环的程序代码分别如下：

```
Private Sub Command1_Click()
    Dim s!, t!, i&
    s = 1:t = 1:i = 1
    Do While 1 / t > 0.00001
      t = t + I:s = s + 1 / t:i = i + 1
    Loop
```

```
   Print "Do While 结构"; s, i - 1; "项"
End Sub
Private Sub Command2_Click()
    Dim s!, t!, i&
    s = 1:t = 1
    For i = 1 To 100000
     t = t + i
     s = s + 1 / t
     If 1 / t < 0.00001 Then Exit For
   Next i
   Print "For 结构"; s, i; "项"
End Sub
```

### ❖实验 5.4

使用循环结构，在窗体中打印乘法表。

### ❖实验 5.5

利用两重循环显示如图 2-5-2 所示的结果。

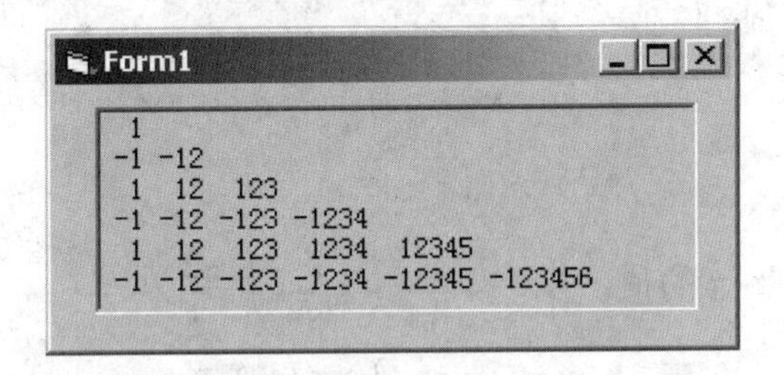


图 2-5-2　实验 5.5 运行界面

该程序的代码如下（还有其他的实现方式，同学课下可以考虑一下）：

```
Private Sub Picture1_Click()
 Dim s!, i%, j%
    For i = 1 To 6
     s = 0
    For j = 1 To i
     s = s * 10 + j
     If i Mod 2 = 0 Then
     Picture1.Print " -" & s;
     Else
        Picture1.Print "  " & s;
     End If
    Next j
     Picture1.Print
   Next i
End Sub
```

### ❖实验 5.6

求$1-\frac{1}{3}+\frac{1}{5}-\frac{1}{7}+\cdots\frac{1}{n}$，如 $n$ 为 8，则输出结果：0.7238095。程序运行界面如图 2-5-3 所示。

首先构造程序的界面，然后编写相应的循环结构程序代码。

源代码：

```
Private Sub Command1_Click()
    Dim s As Single, n As Integer, i As Integer, f As Integer
    s = 0
    f = 1
    i = 1
    n = Val(Text1.Text)
    Do While i <= n
        s = s + f / i
        f = -f
        i = i + 2
    Loop
    Text2.Text = Str(s)
End Sub
```

### ❖实验 5.7

根据公式计算圆周率π的值：$\frac{\pi}{2}=1+\frac{1}{3}+\frac{1}{3}\times\frac{2}{5}+\frac{1}{3}\times\frac{2}{5}\times\frac{3}{7}+\cdots$，在计算过程中，直到最后一项的值小于 $10^{-6}$ 为止。程序运行界面如图 2-5-4 所示。

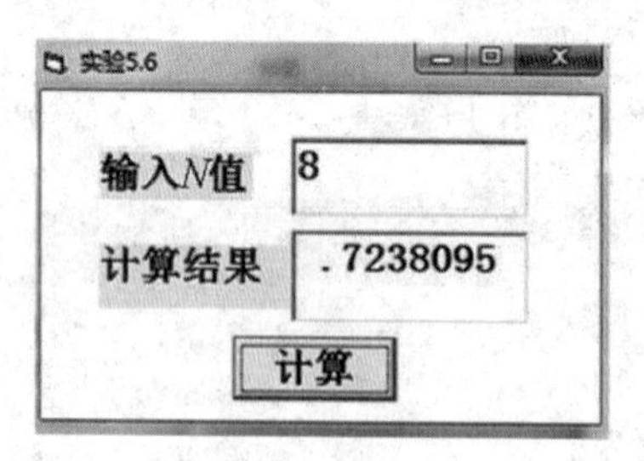


图 2-5-3　实验 5.6 程序运行界面

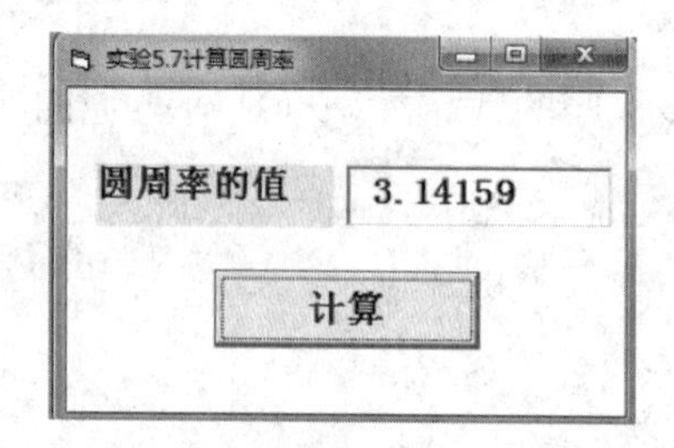


图 2-5-4　实验 5.7 程序运行界面

首先构造程序界面，然后编写源代码：

```
Private Sub Command1_Click()
Dim s As Single, i As Integer, t As Single
s = 0
t = 1
i = 1
Do Until t < 0.000001
   s = s + t
   t = t * i / (2 * i + 1)
   i = i + 1
```

```
Loop
Text1.Text = Str(2 * s)
End Sub
```

### ❖实验 5.8

输入一批学生的成绩（以负数作为成绩输入的结束标志），计算平均分并统计出及格与不及格的人数（输入数据用 InputBox 函数）。程序运行界面如图 2-5-5 所示。

首先构造程序界面，然后编写如下源代码：

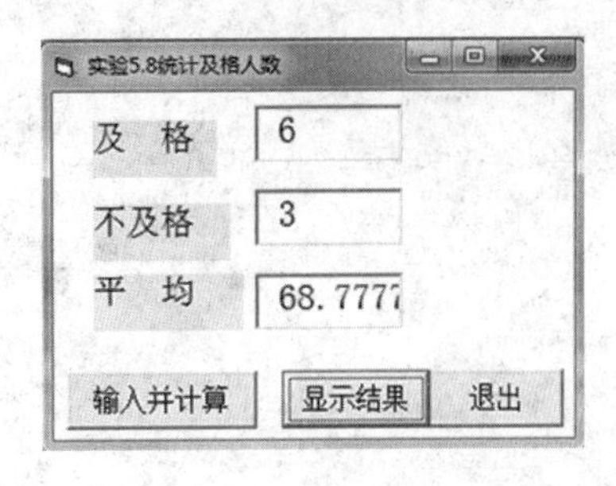


图 2-5-5　实验 5.8 程序运行界面

```
Dim x As Single, aver As Single, n As Integer, m As Integer
Dim n1 As Integer
Private Sub Command1_Click()
    x = InputBox("请输入成绩：")
    aver = 0
    n = 0 '统计不及格
    n1 = 0 '统计及格人数
    m = 0
    While x >= 0
       aver = aver + x
       If x < 60 Then
          n = n + 1
       Else
          n1 = n1 + 1
       End If
       m = m + 1
       x = InputBox("请输入下一个成绩：")
    Wend
    aver = aver / m
End Sub
Private Sub Command2_Click()
    Text1.Text = Str(n1)
    Text2.Text = Str(n)
    Text3.Text = Str(aver)
End Sub
```

### ❖实验 5.9

在求解实验 5.8 时，我们采用了循环结构，在讲解控制结构的时候，我们提及到可以利用 goto 语句完成一定的循环结构；那么，我们可以采用 goto 语句完成实验 5.8 的功能吗？当然可以，但是对于复杂的循环结构利用 goto 语句是完成不了的，对于简单的循环控制，还是可以解决的。但我们编写程序的时候不建议使用 goto 语句，因为使用 goto 语句后，降低了程序的可读性。利用 goto 语句改写实验 5.8 的程序代码如下：

```
    Dim n As Single
    Dim n1 As Single
    Dim n2 As Single
    Dim score As Single
    Dim total As Single
    Private Sub Command1_Click()
    start:
       score = InputBox("学生成绩" + vbCrLf + "按输入 0 以下或 100 以上的数结束", "
输入分数")
       If score < 0 Or score > 100 Then
          GoTo finish
       Else
       total = total + score
       n = n + 1
          If score < 60 Then
             n1 = n1 + 1
          Else
             n2 = n2 + 1
          End If
       End If
       GoTo start
    finish:
    End Sub
    Private Sub Command2_Click()
       Text1.Text = n2
       Text2.Text = n1
       Text3.Text = total / n
    End Sub
    Private Sub Command3_Click()
       n = 0
       n1 = 0
       n2 = 0
       tatal = 0
       End
    End Sub
```

### ❖实验 5.10

利用循环结构编写程序，运行程序后，使之输出如下所示图形。程序运行界面如图 2-5-6 所示。

源代码：

```
    Private Sub Command1_Click()
     Print
     For i = 1 To 8
        Print Space(10 + i);
        For j = 1 To 8
        Print "*";
        Next j
```

```
    Print
  Next i
End Sub
```

### ❖实验 5.11

编写程序，运行程序后，使之输出如图 2-5-7 所示图形。

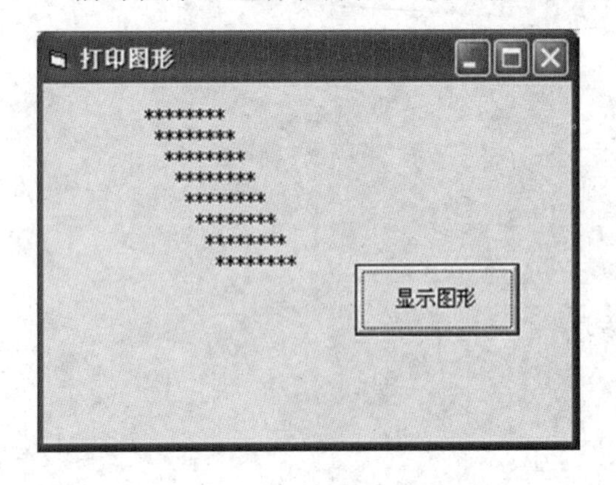

图 2-5-6　实验 5.10 程序运行结果

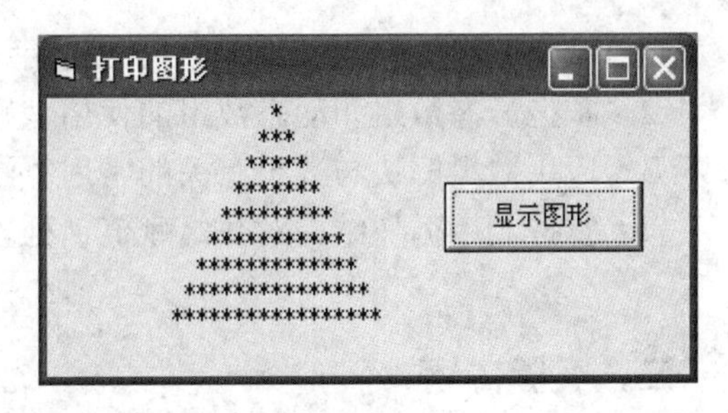


图 2-5-7　实验 5.11 打印图形程序运行界面

源代码：

```
Private Sub Command1_Click()
  For i = 1 To 9
     For j=1 to 20 - i '实现字母前面的空格数，使输出呈梯形
      Print " ";
      Next j
    For j = 1 To 2 * i - 1
      Print "*";
    Next j
    Print
  Next i
End Sub
```

**独立思考后完成项目：**

（1）编写程序，计算 1～100 的奇数和。

（2）我国有 13 亿人口，按照人口每年增长 0.8%计算，多少年后我国人口超过 26 亿。

（3）求两个自然数 $m$、$n$ 的最大公约数和最小公倍数。

（4）利用循环结构求 100 以内的素数。

（5）在勾股定理中，3 个数的关系是：$a^2+b^2=c^2$。编写程序，输出 30 以内满足上述关系的整数组合。例如：3，4，5 就是一个整数组合。

# 实验六　数　组

## 一、实验目的

1．掌握数组的声明、数组元素的引用。
2．掌握静态数组和动态数组的使用差别。
3．应用数组解决与数组有关的常用算法。
4．掌握利用循环结构对数组赋值，处理方法。

## 二、实验内容

### ❖实验 6.1

随机产生 10 个 30～100（包括 30 和 100）之间的正整数，求最大值、最小值和平均值，并显示整个数组的值和结果。

**【提示】**

（1）要完成此题目，首先考虑到用数组来解决，同时产生的 10 个有范围的随机整数要利用所学到的 Rnd ( ) 函数来完成。

（2）在向数组中存放数据的时候要利用到循环控制结构来完成，同时在进行比较大小和求平均值的时候也要利用到循环控制结构。

操作步骤

（1）首先新建一个工程和一个窗体文件；

（2）编写程序代码：

```
Private Sub Form_Click()
 Dim a(1 To 10) As Integer, i%, maxa%, mina%, avera!
 For i = 1 To 10
  a(i) = Int(Rnd * 100)
 Next i
 mina = a(1)
 maxa = a(1)
 avera = a(1)
 For i = 2 To 10
   If a(i) > maxa Then maxa = a(i)
   If a(i) < mina Then mina = a(i)
```

```
    avera = avera + a(i)
  Next i
  For i = 1 To 10
    Print a(i);
  Next i
  Print
  Print "max="; maxa, "min="; mina, "aver="; avera / 10
End Sub
```

（3）运行程序查看结果，并保存窗体文件为6.1，工程文件保存为实验六.vbp。

### ❖实验 6.2

随机产生15个不重复的A～Z之间的大写字母，存放在字符数组中。

**【提示】**

（1）要产生A~Z之间的字母，可以通过调用Chr( )、Int( )、Rnd( )函数找出字母所对应的ASCII码值，即c=chr(int(rnd*26+65))。

（2）要产生不重复的字母，可以采用下面的方法:

在每产生一个字母时，在数组中查找出已产生的字母。若找到，则产生的字母作废，重新产生；如果找不到，则产生的字母放入数组中，数组下标加一。

该程序的代码如下：

```
Private Sub Form_Click()
  Dim s(1 To 15) As String * 1, c As String * 1, Found As Boolean
  s(1) = Chr(Int(Rnd * 26 + 65))
  n = 2
  Do While n <= 15
     c = Chr(Int(Rnd * 26 + 65))
     Found = False
     For j = 1 To n - 1
        If s(j) = c Then Found = True
     Next j
     If Not Found Then              ' 没有找到，产生的字母非重复，存放到数组中
       s(n) = c
       n = n + 1
     End If
  Loop
  For i = 1 To 15
    Print s(i);
  Next i
End Sub
```

### ❖实验 6.3

实行学分制，学生的平均绩点是衡量学生学习的重要依据。成绩等级与绩点的关系如表2-6-1所示。

表 2-6-1　成绩等级与绩点的关系

| 等　级 | 100～90 | 89～80 | 79～70 | 69～60 | 60 以下 |
|---|---|---|---|---|---|
| 绩　点 | 4 | 3 | 2 | 1 | 0 |

$$平均绩点=\frac{\sum 所学各课程学分*绩点}{\sum 所学各课程的学分}$$

编写一个程序，利用两个一维数组分别输入某学生的 5 门课程的学分、对应的成绩，计算其平均绩点。

例如：某学生的 5 门课程的学分、成绩分别如表 2-6-2 所示，求该学生的平均绩点。

表 2-6-2　学生成绩表

| 学　分 | 3 | 2 | 3 | 4 | 1 |
|---|---|---|---|---|---|
| 成　绩 | 78 | 98 | 83 | 68 | 90 |

程序参考代码如下：

```
Private Sub Form_Click()
    Dim xf%(1 To 5), mark%(1 To 5), jd%, i%, sumxf%, sumxfmark%
    For i = 1 To 5
      xf(i) = Val(InputBox("输入学分"))
      mark(i) = Val(InputBox("输入成绩"))
    Next i
    sumxf = 0
    sumxfmark = 0
    For i = 1 To 5
      sumxf = sumxf + xf(i)
      Select Case mark(i)
        Case Is >= 90
           jd = 4
        Case Is >= 80
           jd = 3
        Case Is >= 70
           jd = 2
        Case Is >= 60
           jd = 1
        Case Else
           jd = 0
      End Select
      sumxfmark = sumxfmark + xf(i) * jd
    Next i
    averjd = sumxfmark / sumxf
    Print averjd
End Sub
```

### ❖实验 6.4

自定义类型数组的应用。要求自定义一个职工类型，包含职工号、姓名、工资三项内容。声明一个职工类型的动态数组，可以输入 $n$ 个职工的数据。当用户单击“添加”命令按钮，将文本框的内容添加到数组的当前元素中。当单击“排序”命令按钮时，将输入的内容按照工资递减的顺序排列，并在图形框中显示出来。

【提示】

自定义一个职工类型只能在标准模块中定义，若在窗体通用声明段定义，必须为 private。在窗体通用声明段声明一个职工类型的动态数组，当程序运行时（Form_Load 事件过程中），通过 InputBox（ ）确定具有 $n$ 个职工的数组大小。要求程序运行界面如图 2-6-1 所示。

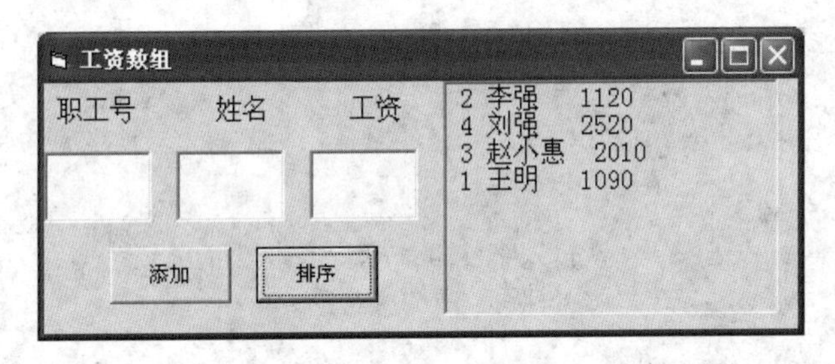


图 2-6-1　实验 6.4 运行界面

### 实验 6.5

设计程序显示下列矩阵：

11 12 13 14 15 16

17 18 19 20 21 22

31 32 33 34 35 36

37 38 39 40 41 42

源程序如下：

```
Option Base 1
Private Sub Form_Click()
Dim array1(2,2,6) As Single
 For i = 1 To 2
   For j = 1 To 2
      For k = 1 To 6
       Array1(i, j, k) = InputBox("输入元素的值：")
      Next k
  Next j
Next i
 For i = 1 To 2
   For j = 1 To 2
      For k = 1 To 6
```

```
        Print array1(i, j, k); "";
      Next k
      Print
  Next j
  Print
Next i
End Sub
```

### ❖实验 6.6

输入一个班级 10 个同学的成绩，求学生的平均成绩，然后统计高于平均分的人数。程序运行界面如图 2-6-2 所示。

源代码：

```
Private Sub Command1_Click()
  Dim score(1 To 10) As Integer
  Dim average!, count%, i%
  average = 0
  For i = 1 To 10
    score(i) = InputBox("请输入第" & i & "位学生的成绩：")
    average = average + score(i)
  Next i
  average = average / 10
  count = 0
  For i = 1 To 10
    If score(i) > average Then count = count + 1
  Next i
  Print "平均分="; average, "高于平均分的人数"; count
End Sub
```

### ❖实验 6.7

打印斐波那契数列的前 20 项（斐波那契数列是这样的一个数列：1、1、2、3、5、8、13，…，这个数列从第三项开始，每一项都等于前两项之和）。程序运行界面如图 2-6-3 所示。

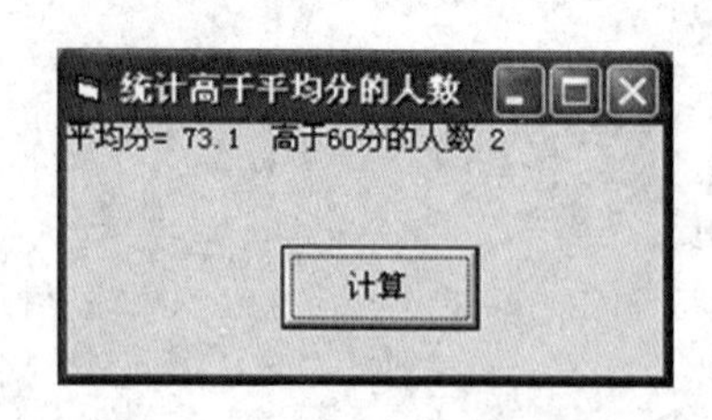


图 2-6-2 实验 6.6 运行结果界面

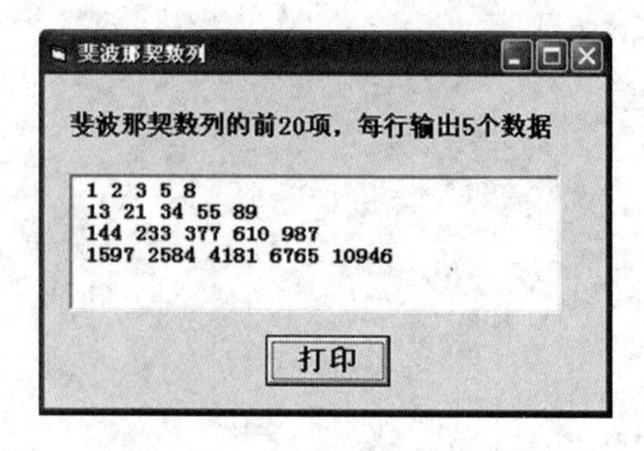


图 2-6-3 实验 6.7 运行结果界面

源代码：

```
Option Base 1
Private Sub Command1_Click()
Dim f(20) As Integer
Dim i As Integer
Text1.text= ""
    f(1) = 1
    f(2) =1
    For i = 3 To 20
      f(i) = f(i - 1) + f(i - 2)
    Next i
    For i = 1 To 20
      Text1.Text = Text1.Text + Str(f(i))
      If i Mod 5 = 0 Then
      Text1.Text = Text1.Text + vbCrLf 'vbCrLf相当于chr(13)+chr(10)
      End If
      Next i
End Sub
```

### ❖实验 6.8

利用 InputBox 函数输入 10 个整数，求出这 10 个整数中的最大值以及它的下标。程序运行界面如图 2-6-4 所示。

图 2-6-4　运行结果界面

源代码：

```
Private Sub Command1_Click()
Dim a(1 To 10) As Integer
Dim i%, max%, imax%
For i = 1 To 10
  a(i) = InputBox("请输入第" & i & "个数")
Next i
max = a(1)
imax = 1
For i = 2 To 10
  If a(i) > max Then
    max = a(i)
    imax = i
  End If
  Next i
Print "最大的数是" & max & ",下标为" & imax
End Sub
```

### ❖实验 6.9

利用 inputbox 函数输入 10 个数，对这 10 个数用冒泡法进行降序排序。程序运行界面如图 2-6-5 所示。

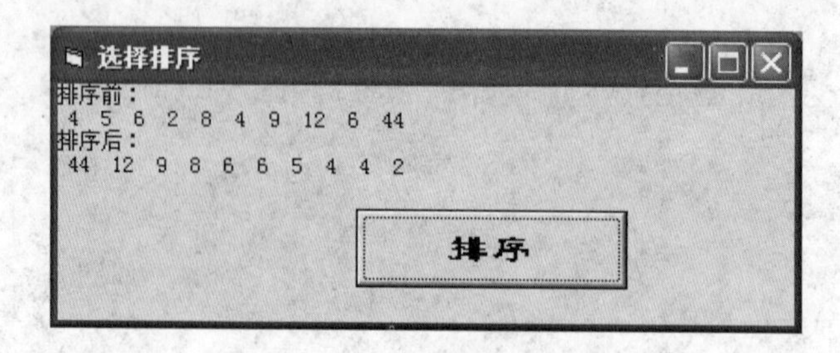


图 2-6-5　运行结果界面

源代码：

```
Private Sub Command1_Click()
Dim a(9) As Integer
Dim i As Integer, j As Integer, t As Integer
Print "排序前："
For i = 0 To 9
a(i) = Val(inputbox("输入"))
print a(i);
Next i
 print
For i = 0 To 8
  For j = 0 To 8 - i
    If a(j) < a(j + 1) Then
    t = a(j): a(j) = a(j + 1): a(j + 1) = t
    End If
  Next j
Next i
Print "排序后："
For i = 0 To 9
  Print a(i);
Next i
End Sub
```

## 实验 6.10

利用 inputBox 函数输入 10 个数，对这 10 个数用选择法进行升序排序。程序运行界面如图 2-6-6 所示。

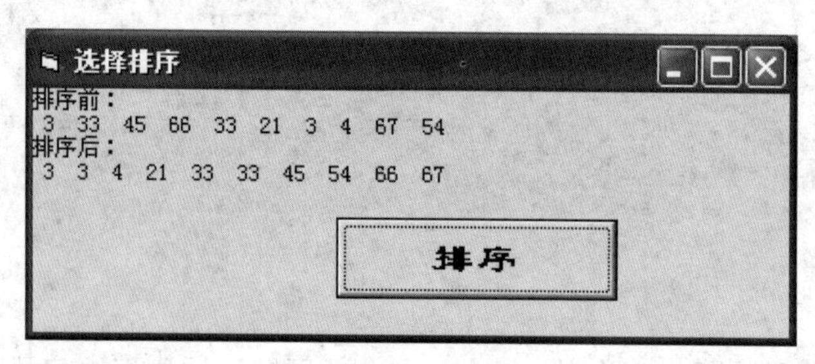


图 2-6-6　运行结果界面

源代码：

```
Private Sub Command1_Click()
Dim a(9) As Integer
Dim i As Integer, j As Integer, t As Integer, p As Integer
Print "排序前："
For i = 0 To 9
a(i) = Val(InputBox("输入"))
Print a(i);
Next i
Print
For i = 0 To 8
p = i
  For j = i + 1 To 9
    If a(p) > a(j) Then
    p = j
    End If
  Next j
    t = a(i): a(i) = a(p): a(p) = t
Next i
Print "排序后："
For i = 0 To 9
  Print a(i);
Next i
End Sub
```

**独立思考后完成以下项目：**

（1）从键盘输入 10 个整数，并放入一个一维数组中，然后将其前 5 个元素与后 5 个元素对换，即，第一个元素与第十个元素对换，第二个元素与第九个元素对换……第五个元素与第六个元素对换。分别输出数组原来各元素的值和对换后各元素的值。

（2）有一个 n×m 的矩阵，编写程序，找出其中最大的元素所在的行和列，并输出其值及行号和列号。

（3）编写程序，建立并输出一个 10×10 的矩阵，该矩阵的对角线元素均为 1，其余元素均为 0。

（4）编写程序，利用数组显示如图 2-6-7 所示的程序运行界面。

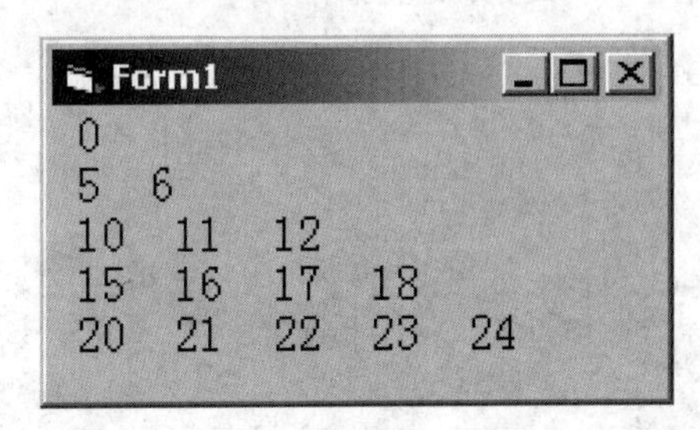


图 2-6-7　运行界面

# 实验七　过　　程

## 一、实验目的

1．掌握自定义函数过程和子过程的定义和调用方法。
2．掌握形参和实参的对应关系。
3．掌握值传递和地址传递的传递方式。
4．掌握变量、函数和过程的作用域。
5．掌握递归概念和使用方法。
6．熟悉程序设计中的常用算法。

## 二、实验内容

### ❖实验 7.1

编一个函数过程 MySin($x$)，求

$$\mathrm{MySin}(x)=\frac{x}{1}-\frac{x^3}{3!}+\frac{x^5}{5!}-\frac{x^7}{7!}+\dots+(-1)^{n-1}\frac{x^{2n-1}}{(2n-1)!}$$

当第 $n$ 项的精度小于 $10^{-5}$ 时结束计算，$x$ 为弧度。主要程序同时调用 MySin 和内部函数 Sin 进行验证。

**【提示】**

关键是找部分级数和的通项，通项表示如下：

$T_{i+2}=-1\times T_i\times x\times x/((i+1)\times(i+2))$　　　　　$i$=1,3,5,7…

代码如下：

```
Private Sub Form_Click()
   Print "Sin调用结果:"; Sin(3.14 / 4)
   Print "MySin调用结果:"; MySin(3.14 / 4)
End Sub

Function MySin(x!) As Single
   Dim i%, t!, s!
   t = x
```

```
    s = t
    For i = 1 To 1000 Step 2
     t = -1 * t * x * x / ((i + 1) * (i + 2))
     s = s + t
     If Abs(t < 0.00001) Then Exit For
    Next i
    MySin = s
End Function
```

### ❖实验 7.2

编一个子过程 DeleStr(s1,s2)，将字符串 s1 中出现 s2 子字符串删去，结果还是存放在 s1 中。

例如：s1="12345678AAABBDFG12345"　　　s2="234"

结果：s1="15678AAABBDFG15"

**【提示】**

解决此题的方法有以下要点：

（1）在 s1 字符串中找 s2 的子字符串，可利用 lnStr()函数，要考虑到 s1 中可能存在多个或不存在 s2 字符串，用 Do While Instr(s1, s2) > 0 循环结构来实现。

（2）若在 s1 中找到 s2 的子字符串，首先要确定 s1 字符串的长度，因 s1 字符串在进行多次删除时，长度在变化，然后通过 Left()、Mid()或 Rigth()函数的调用达到删除 s1 中存在的 s2 字符串。

程序运行界面如图 2-7-1 所示。

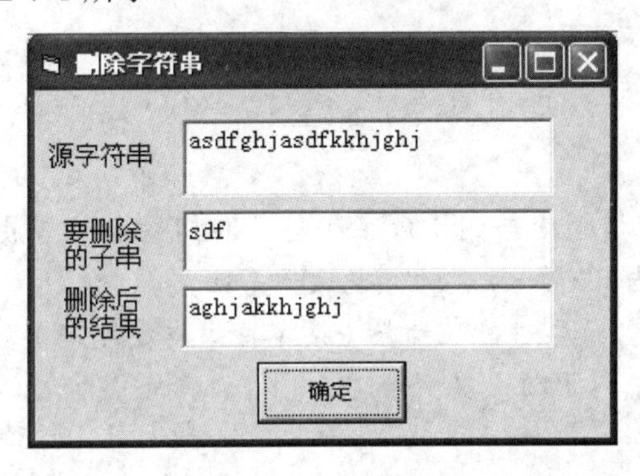


图 2-7-1　实验 7.2 运行界面

```
Private Sub DeleStr(s1 As String, ByVal s2 As String)
  Dim i%
  i = InStr(s1, s2)
  ls2 = Len(s2)
  Do While i > 0
    ls1 = Len(s1)
   ' s1 = Left(s1, i - 1) + Right(s1, ls1 - (i + ls2) + 1) ' 在 s1 中去除 s2
子字符串
```

```
    s1 = Left(s1, i - 1) + Mid(s1, i + ls2)
    i = InStr(s1, s2)
  Loop
End Sub

' 调用 DeleStr 子过程
Private Sub Command1_Click()
 Dim ss1 As String
  ss1 = Text1
  Call DeleStr(ss1, Text2)
  Text3 = ss1
End Sub
```

### ❖实验 7.3

编一函数过程 IsH(*n*)，对于已知正整数 *n* 判断该数是否是回文数，函数的返回值类型为布尔型。主调程序每输入一个数，调用 IsH 函数过程，然后在图形框显示输入的数，对于是回文数显示一个“★”如图 2-7-2 所示。

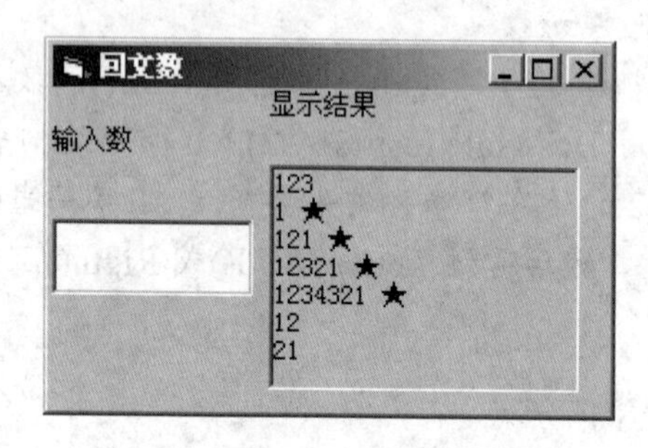


图 2-7-2　实验 7.3 运行界面

**【提示】**

（1）所谓回文数是指顺读与倒读数字相同，即指最高位与最低位相同，次高位与次低位相同，依次类推。当只有一位数时，也认为是回文数。

（2）回文数的求法，只要对输入的数（按字符串类型处理），利用 MID 函数从两边往中间比较，若不相同，就不是回文数。

操作步骤

（1）首先建立一个过程：

```
Function IsH(ss As String) As Boolean
    Dim i%, Ls%
    IsH = True
    ss = Trim(ss)
    Ls = Len(ss)
    For i = 1 To Ls \ 2
      If Mid(ss, i, 1) <> Mid(ss, Ls + 1 - i, 1) Then
        IsH = False
```

```
        Exit Function
      End If
    Next i
End Function
```

（2）编写 Text1 的 KeyPress 事件代码：

```
Private Sub Text1_KeyPress(KeyAscii As Integer)
If KeyAscii = 13 Then
     If Not IsNumeric(Text1) Then
       MsgBox "输入非数字串，重新输入"
       Text1.Text = ""
       Text1.SetFocus
     Else
       If IsH(Text1) Then
         Picture1.Print Text1; " ★ "
       Else
         Picture1.Print Text1
       End If
       Text1 = ""
     End If
   End If
End Sub
```

### ❖实验 7.4

用递归方法，编写求 $C_m^n$ 的函数。

对于 $C_m^n$ 有如下递归形式：$C_m^n = C_{m-1}^n + C_{m-1}^{n-1}$

递归条件：$\begin{cases} C_m^0 = 1 & n = 0 \\ C_m^1 = m & n = 1 \\ C_m^n = C_m^{m-n} & n \rangle \dfrac{m}{2} \end{cases}$

程序的界面如图 2-7-3 所示。

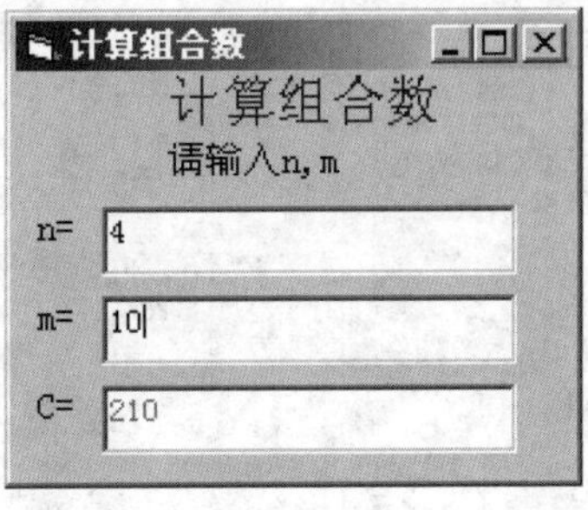

图 2-7-3　实验 7.4 运行界面

操作步骤。

（1）该程序的主要完成任务就是建立过程，过程如下：

```
Private Function Cmn(n As Long, m As Long) As Long
    If n = 0 Then
      Cmn = 1
    ElseIf n = 1 Then
      Cmn = m
    ElseIf n > m \ 2 Then
      Cmn = Cmn(m - n, m)
    Else
      Cmn = Cmn(n, m - 1) + Cmn(n - 1, m - 1)
    End If
End Function
```

（2）调用过程

```
 Private Sub Form_Click()
  Text3 = Cmn(Val(Text1.Text), Val(Text2.Text))
End Sub
```

### ❖实验 7.5

编一函数过程，用矩形法求定积数 $\int_a^b f(x)\mathrm{d}x$。矩形法的第 $i$ 块小面积的公式为：$\boldsymbol{S}_i = hf(\boldsymbol{X}_i)h$ 为小面积的宽度主调程序调用函数过程，求 $\int_2^5 \frac{x+1}{\ln x}\mathrm{d}x$ 的定积分。

操作步骤

（1）根据题意编写适当的过程：

```
Public Function trapez(ByVal a!, ByVal b!, ByVal n%) As Single
  Dim sum!, h!, x!
  h = (b - a) / n
  sum = 0
  For i = 1 To n
    x = a + i * h
    sum = sum + f(x)
  Next i
  trapez = sum * h
End Function

Public Function f(ByVal x!)
  f = (x + 1) / (Log(x) + 1)          ' 对不同的被积函数在此作对应的改动
End Function
(2) 编写代码，调用过程：
Private Sub Command1_Click()
  Print trapez(2, 3, 30)
End Sub
```

### ❖实验 7.6

编写函数过程，求任意两个整数之和。程序运行界面如图 2-7-4 所示。

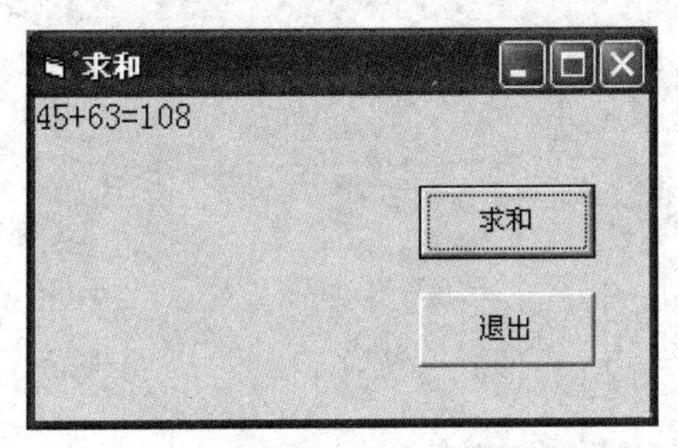


图 2-7-4　7-4 实验 7.6 求和程序运行界面

程序源代码：

```
Function multisum(mysum, first As Integer, second As Integer)
    mysum = first + second
End Function
Private Sub Command1_Click()
    Dim a As Integer, b As Integer
    Dim sum As Integer
    a = Val(InputBox("请输入第一个数"))
    b = Val(InputBox("请输入第二个数"))
    Call multisum(sum, a, b)
    Cls
    Print a & "+" & b & "=" & sum
End Sub
Private Sub Command2_Click()
    End
End Sub
```

### ❖实验 7.7

编写函数过程，计算并输出下列多项式值：

$S_n$=1+1/1!+1/2!+1/3!+1/4!+……+1/*n*!

例如，若用户从键盘给 *n* 输入 10，则输出为 *s*=2.7182818011。注意：*n* 值要求大于 3，但不大于 100。程序运行界面如图 2-7-5 所示。

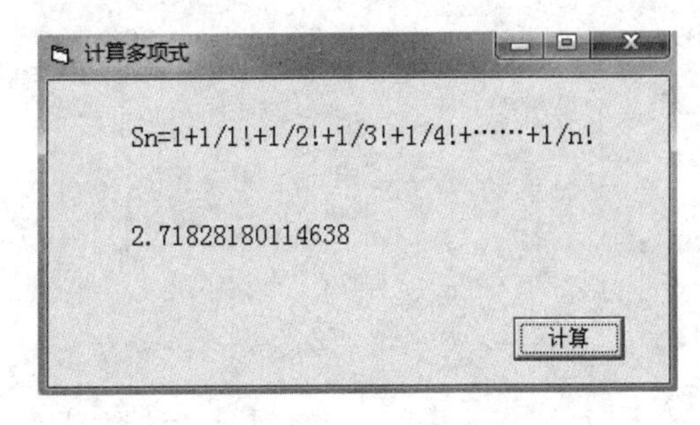


图 2-7-5　实验 7.7 求多项式程序运行界面

程序源代码：

```
Function Fact(n As Integer) As Double
  Dim i As Integer, t As Double
  t = 1
  For i = 1 To n
     t = t * i
Next i
Fact = t
End Function
Private Sub Command1_Click()
    Dim sn As Double, n As Integer, i As Integer
    sn = 1
    n = Val(InputBox("请输入 n 的值: "))
    For i = 1 To n
      sn = sn + 1# / Fact(i)
    Next i
    Label2.Caption = sn
End Sub
Private Sub Command2_Click()
    End
End Sub
```

**独立思考后完成项目：**

（1）编写程序，要求能够区别 Dim 和 Static 定义变量的差别。

（2）编写函数 fac(*n*)=*n*!。

（3）编写一个过程，要求能够求若干个数的最大公约数和最小公倍数。

（4）编写一个过程，要求能够实现八进制与十进制之间的转换。

# 实验八　常用控件

## 一、实验目的

1．掌握常用控件的重要属性、事件和方法。
2．掌握常用 ActiveX 控件的特性，熟练应用这些高级控件进行编程。
3．初步掌握创建基于图形用户界面应用程序的过程。
4．熟练掌握键盘事件、鼠标事件及其事件过程的编写方法。
5．掌握普通拖放 OLE 的原理，掌握实现拖放的方法。

## 二、实验内容

### ❖实验 8.1

设计一个运行界面如图 2-8-1 所示的程序。当用户在“操作选项”框架中选定操作后，文本框发生相应的变化，同时在“操作说明”框架中的标签上显示有关的操作说明。

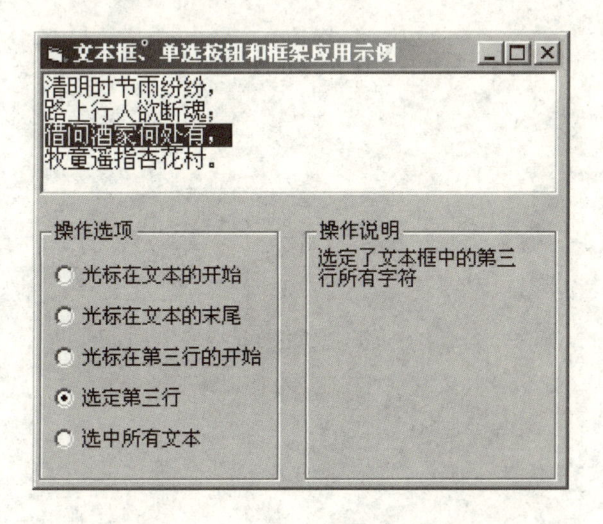


图 2-8-1　实验 8.1 文本框、单选按钮和框架应用示例

【提示】

（1）在文本框中移动光标和选定内容是通过设置 selstart 和 seilength 属性实现的。
（2）文本框中内容分行显示是因为插入了回车换行符，回车符的 ASCII 码值为 13，其符号常数为 vbcr，换选择 ASCII 码值为 10，其符号常数为 vblf。

（3）把光标移动到第三行开始，实质是确定文本中第二行后 vbcr 或 vblfr 位置。选定文本中的第三行，关键是确定第三行后 vbcr 或 vblf 的位置。

操作步骤

（1）按照程序的运行界面，向窗体中添加相应的控件，本程序中涉及到的控件有：文本框、框架和单选按钮。

（2）为程序编写相应的事件代码：

```
Private Sub Form_Load()
Text1.Text = "清明时节雨纷纷，" & vbCrLf & "路上行人欲断魂；" & vbCrLf & "借问酒家何处有，" & vbCrLf & "牧童遥指杏花村。"
End Sub
Private Sub Option1_Click()
   Text1.SelStart = 0
   Text1.SetFocus
   Label2.Caption = "光标被移动到文本的起始位置。"
End Sub
Private Sub Option2_Click()
   i = 1
   n = 1
   Do While n <> 3
      If (Mid(Text1, i, 1)) <> vbLf Then
         i = i + 1
      Else
         n = n + 1
         i = i + 1
      End If
   Loop
   Text1.SelStart = i - 1
   Text1.SetFocus
   Label2.Caption = "光标被移动到文本的第三行的起始位置"
End Sub
Private Sub Option3_Click()
   Text1.SelStart = Len(Text1.Text)
   Text1.SetFocus
   Label2.Caption = "光标被移动到文本的结尾处"
End Sub
Private Sub Option4_Click()
   Text1.SelStart = 0
   Text1.SelLength = Len(Text1.Text)
   Text1.SetFocus
   Label2.Caption = "选定了文本框中的所有字符"
End Sub
Private Sub Option5_Click()
   i = 1
   n = 1
   Do While n <> 3
      If (Mid(Text1, i, 1)) <> vbLf Then
```

```
            i = i + 1
            Else
            n = n + 1
            i = i + 1
            End If
        Loop
        Text1.SelStart = i - 1
        l = 0
        Do While (Mid(Text1, i, 1)) <> vbCr
            i = i + 1
            l = l + 1
        Loop
        Text1.SelLength = l
        Text1.SetFocus
        Label2.Caption = "选定了文本框中的第三行所有字符"
    End Sub
```

### ❖实验 8.2

设计一个运行界面如图 2-8-2 所示的应用程序。它能利用 lostfocus 事件过程对输入的内存大小不进行合法性检查，确保最后两个字符是“MB”，其余的都是数字字符。当用户单击“OK”按钮后，在右边的文本框中显示所选择的信息。

### ❖实验 8.3

编写一个运行界面如图 2-8-3 所示的程序。用户能从“饭店菜单”把选定的“菜”添加到下面的列表框中。

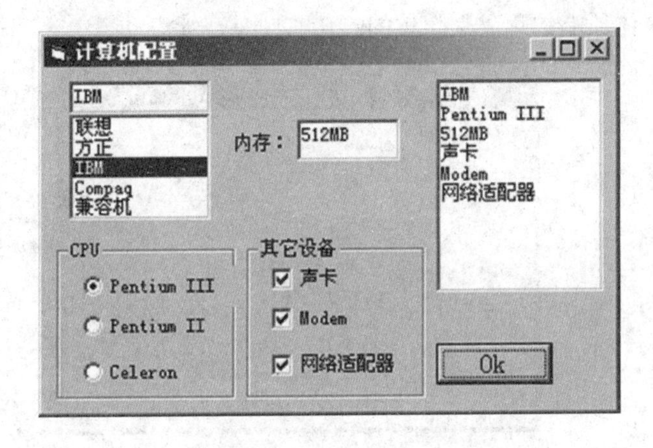


图 2-8-2 实验 8.2 运行界面

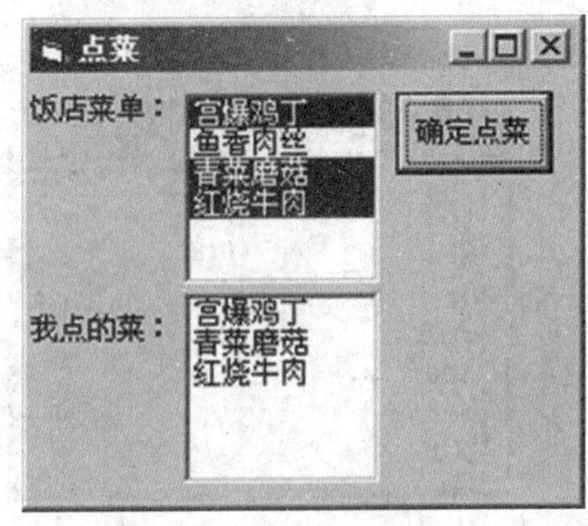


图 2-8-3 实验 8.3 运行界面

要求：“饭店菜单”列表框支持多项选择。

（1）假定“饭店菜单”和“我点的菜”列表框的名称分别为 List1 和 List2。

（2）因为需要在 List1 中能够进行多项选择，所以 MuliSelect 属性应该设置成为 1 或者 2，而且在“确定点菜”按钮的事件过程中不能简单地用 List2.AddItem List1.Text 语句添加项目。应编写如下程序：

```
Private Sub cmdAppend_Click()
    For i = 0 To List1.ListCount - 1
        If List1.Selected(i) Then
            List2.AddItem List1.List(i)
        End If
    Next
End Sub
```

（3）“饭店菜单”需要用 Form_Load 来完成，或者可以通过 List 属性来设置。

### ❖实验 8.4

设计一个运行界面如图 2-8-4 所示的应用程序。它包含 2 个列表框，右边列表框中项目按字母顺序排列。当双击某个项目时，该项目从所在的列表框中删除，添加在另一个列表框中。

【提示】

在设计该程序的时候，首先要通过 List 控件的 List 属性或者通过 Form_Load 事件向 List 控件中添加一些数据。然后考虑 List1 控件的双击事件代码:

```
List2.AddItem List1.Text
List1.RemoveItem List1.ListIndex
```

### ❖实验 8.5

设计一个运行界面如图 2-8-5 所示的字幕滚动程序。要求用时钟控件和滚动条调节和控制字幕滚动速度，文字的大小及距窗体顶端的距离是随机的。从右向左连续滚动。

图 2-8-4　实验 8.4 运行界面

图 2-8-5　实验 8.5 运行界面

【提示】

Fontsize 属性不能为 0，因此用 Int(1+Rnd*30)产生一个 1～30 的数作为字体的大小。

程序参考代码如下：

```
Private Sub Form_Load()
    HScroll1.Min = 1
    HScroll1.Max = 10
    HScroll1.Value = 5
    HScroll1.SmallChange = 1
    HScroll1.LargeChange = 2
    Label1.Top = Int(Rnd * 3000)
    Label1.FontSize = Int(1 + Rnd * 30)
    Label1.Left = Form1.Width
End Sub

Private Sub Timer1_Timer()
    Label1.Move Label1.Left - HScroll1.Value * 100
    If Label1.Left < 0 Then
        Label1.Left = Form1.Width
        Label1.Top = Int(Rnd * 3000)
        x = Int(1 + Rnd * 30)
        Label1.FontSize = x
    End If
End Sub
```

### ❖实验 8.6

编写运行界面如图 2-8-6 所示的利息计算程序。当通过滚动条改变本金月份或年利率时，能立即计算出利息及利息+本金。

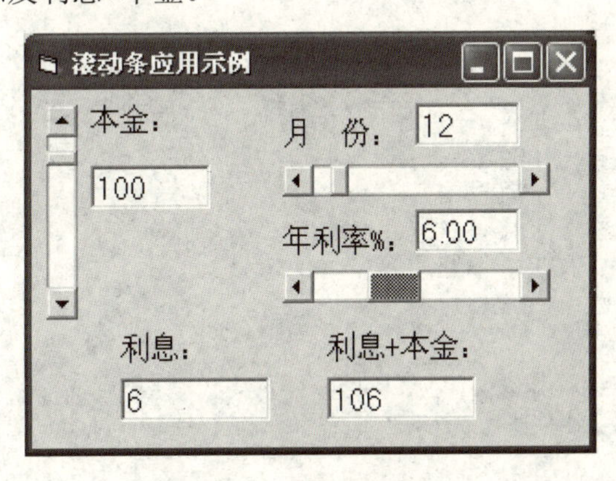


图 2-8-6　实验 8.6 运行界面

【提示】

（1）该程序要经常用到滚动条的 Change 事件，同时要用到 Val（ ）函数。

（2）利息+本金=本金×（1+（年利率/100）×（月份数/12））。

### ❖实验 8.7

利用时钟控件和图像控件，编写一个如图 2-8-7 所示的自动红绿灯模拟程序。红、黄、绿灯自动切换，延迟时间由文本框控制（单位为 s）。

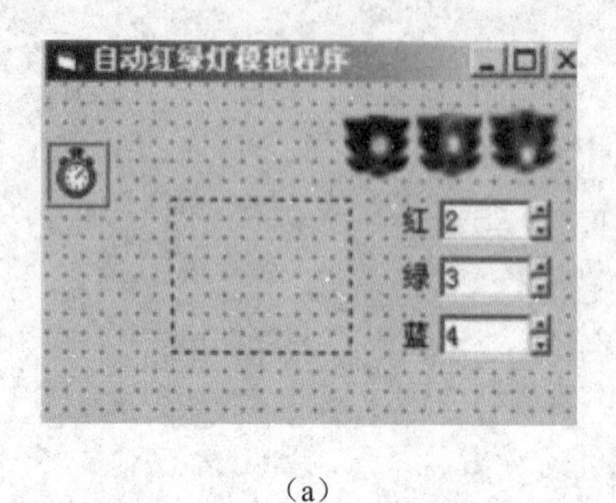


（a）

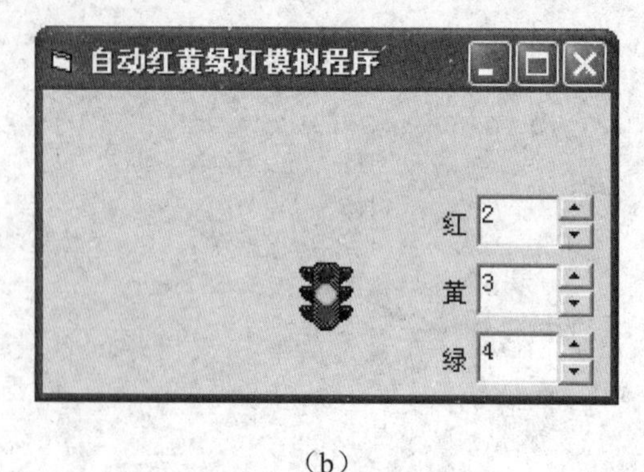


（b）

图 2-8-7　实验 8.7 编辑和运行界面

【提示】

（1）红绿灯图标文件在“…\Microsoft Visual Studio\Common\Graphics\Icons\Traffic”文件夹中。

（2）解决延迟问题的一个简单方法是改变时钟的 Intercal 属性。例如，如果红灯延迟 4s，则在切换到红灯后把 Iterval 设置为 4000s，这样过 4s 后发生 Timer 事件再切换到其他颜色的灯。

该程序的代码如下：

```
Dim i As Integer
Private Sub Form_Load()
    Image1.Visible = False
    Image2.Visible = False
    Image3.Visible = False
End Sub
Private Sub Timer1_Timer()
    If i = 0 Then
        Timer1.Interval = Val(Text1.Text) * 1000
        i = (i + 1) Mod 3
        Image4.Picture = Image1.Picture
    ElseIf i = 1 Then
        Timer1.Interval = Val(Text2.Text) * 1000
        i = (i + 1) Mod 3
        Image4.Picture = Image2.Picture
    ElseIf i = 2 Then
        Timer1.Interval = Val(Text3.Text) * 1000
        i = (i + 1) Mod 3
        Image4.Picture = Image3.Picture
    End If
End Sub
```

### ❖实验 8.8

完善上题的自动红绿灯模拟程序，运行界面如图 2-8-8 所示。

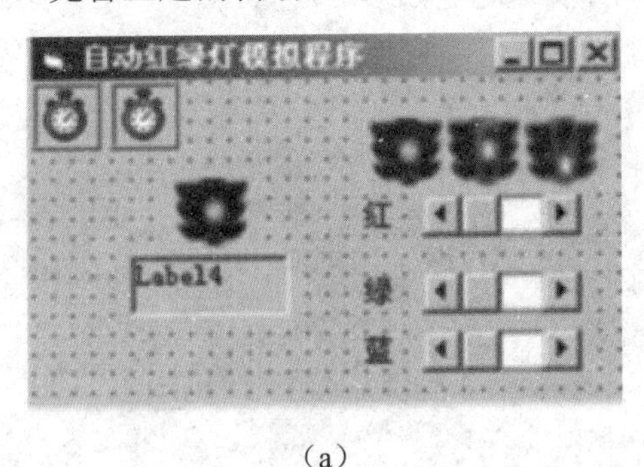


(a)

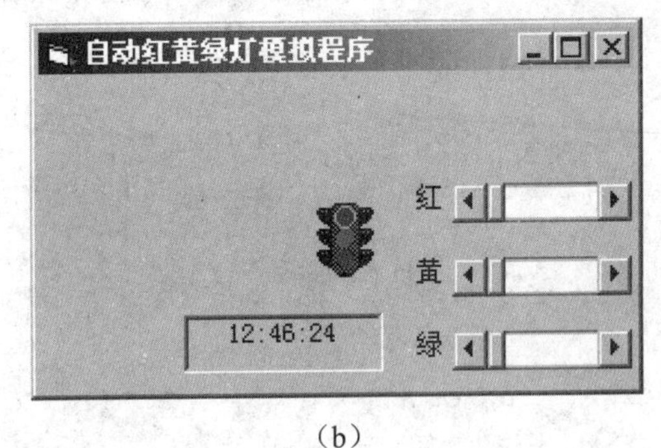


(b)

图 2-8-8　实验 8.8 编辑和运行界面

要求：

（1）在晚上 21：00 到凌晨 2：00 红黄绿三灯全亮，其余时间红、黄、绿灯自动切换。

（2）在下面的标签中显示当前时间。

**【提示】**

为了简化程序，在窗体上放置两个时钟 Timer1 和 Timer2。Tmer1 如上题一样用来控制红绿灯的切换，Timer2 用来显示当前时间和控制 Timer1，在晚上 21：00 到凌晨 2：00 之间，将 Timer1.Enablerd 设置 False，停止红绿灯的切换，只显示红黄绿三灯全亮的图像。

Timer2 的事件代码如下：

```
Private Sub Timer2_Timer()
    Dim str As String
    str = Time$
    Label1.Caption = str
    If Val(str) >= 21 Or Val(str) < 2 Then
        Timer1.Enabled = False
        Image4.Picture = Image5.Picture
    Else
        Timer1.Enabled = True
    End If
End Sub
```

### ❖实验 8.9

依据下图 2-8-9 所示，使用 ProgressBar、Timer、Animation、和 CommandButton 控件设计一个模拟的带动画(blur16.avi)进度条。当用户单击“开始计算”按钮时开始进行，过 30s 后，ProgressBar 被填满，动画结束。

【提示】

（1）需要一个时钟控件计时。

（2）初始时，ProgressBar 和 Animation 控件应该都是不可见的。

各个控件的事件代码如下：

```
Dim x As Integer
Private Sub Command1_Click()
   Animation1.Play
   Timer1.Enabled = True
End Sub
Private Sub Form_Load()
   ProgressBar1.Align = vbAlignBottom
  Timer1.Enabled=False
Animation1.Open("c:\programfiles\microsoftvisualstudio\common\graphics\vide
os\blur16.avi")
End Sub
Private Sub Timer1_Timer()
   x = x + 1
   If x > 30 Then
      Animation1.Stop
      Timer1.Enabled = False
   Else
      ProgressBar1.Value = ProgressBar1.Value + 1
   End If
End Sub
```

❖实验 8.10

编写一个运行界面如图 2-8-10 所示的倒计时程序。单击“设置”按钮，弹出 InputBox 对话框，输入倒计时时间（以 s 为单位），以 MM：SS 格式显示在上面的标签中，单击“开始”按钮，开始倒数读秒，时间到后就在上面的标签中显示“时间到!”。

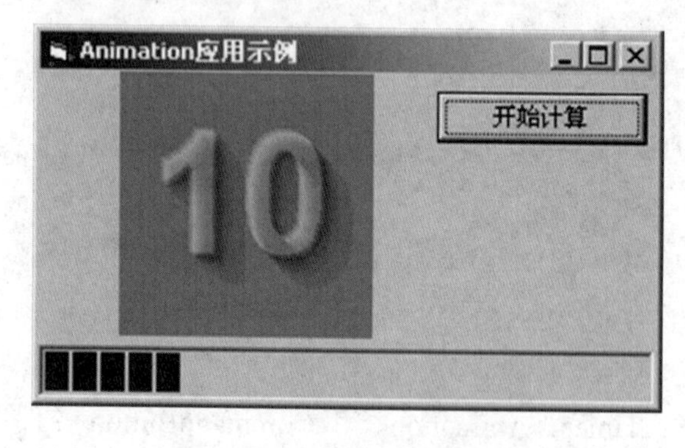


图 2-8-9　实验 8.9 运行界面

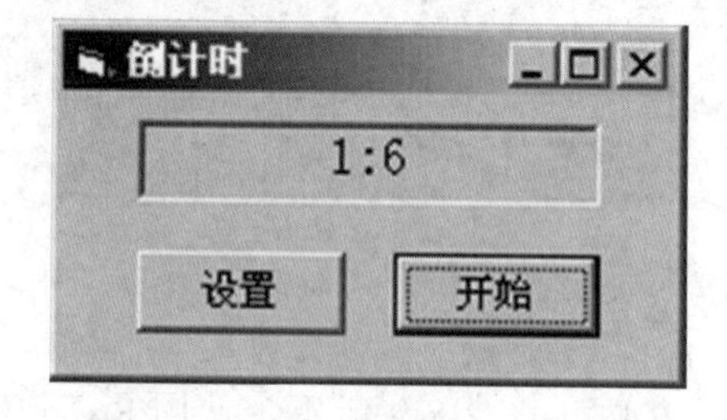


图 2-8-10　实验 8.10 运行界面

【提示】

（1）考虑到本程序，所要用到的控件主要是 Timer 时钟控件。

（2）所要用到的函数主要有“\”、“MOD”和 Cstr 函数。

程序代码如下：

```
Dim t As Integer, mm As Integer, ss As Integer
Private Sub Command1_Click()
    t = InputBox("请以秒为单位输入倒计时时间")
    mm = t \ 60
    ss = t Mod 60
    Label1.Caption = CStr(mm) + ":" + CStr(ss)
End Sub
Private Sub Command2_Click()
    Timer1.Enabled = True
End Sub
Private Sub Form_Load()
    Timer1.Enabled = False
End Sub
Private Sub Timer1_Timer()
    t = t - 1
    mm = t \ 60
    ss = t Mod 60
    Label1.Caption = CStr(mm) + ":" + CStr(ss)
    If t = 0 Then
        Timer1.Enabled = False
        Label1.Caption = "时间到!"
    End If
End Sub
```

### ❖实验 8.11

编写一个运行界面如图 2-8-11 所示的点菜程序。用户能从“饮料”和“主食”列表框中选择食品，然后拖动到“我的中饭”列表框中。

要求：用拖放的方式实现。

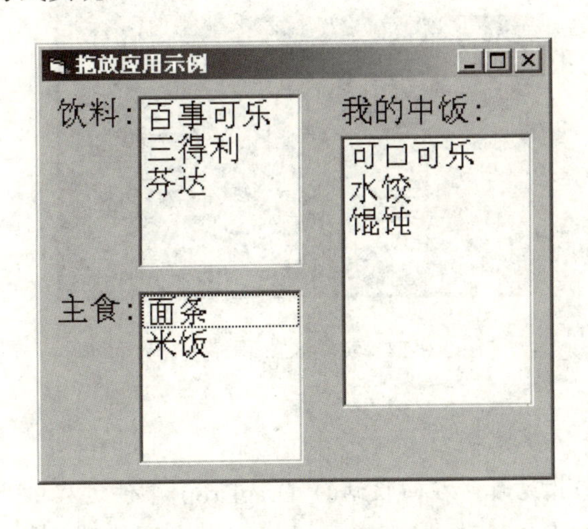


图 2-8-11　实验 8.11 程序运行界面

【提示】

当源对象被拖动时，源对象作为 Source 参数传入事件过程中，Source 代表源对象，通过 Source.Name 属性可以确定被拖动的是哪个列表框。在目标列表框的 DragDrop 事件过程中，将源列表框中选定的项目添加到目标列表框中，然后删除。

程序代码如下：

```
    Private Sub List1_MouseDown(Button As Integer, Shift As Integer, X As Single,
Y As Single)
        List1.Drag 1
    End Sub
    Private Sub List2_MouseDown(Button As Integer, Shift As Integer, X As Single,
Y As Single)
        List2.Drag 1
    End Sub
    Private Sub List3_DragDrop(Source As Control, X As Single, Y As Single)
        If Source.Name = "List1" Then
            List3.AddItem List1.List(List1.ListIndex)
            List1.RemoveItem List1.ListIndex
        Else
            List3.AddItem List2.List(List2.ListIndex)
            List2.RemoveItem List2.ListIndex
        End If
    End Sub
```

❖实验 8.12

设计运行界面如图 2-8-12 所示的程序。当把“小纸条”拖动到“回收站”时，屏幕显示“要删除小纸条吗？”；当把文件拖动到“回收站”时屏幕显示“要删除文件吗？”限定只能用鼠标左键才能拖动。

要求：用手工拖放模式实现，拖动时显示拖动图标(drag3pg.ico)。

图 2-8-12　实验 8.12 程序运行界面

【提示】

当对象被拖动到回收站时，在回收站的 DragDrop 事件过程中必须判断源对象是文件还是“小纸条”。当源对象被拖动，通过 Source 参数传入事件过程中，Source 代表源对象。

通过引用 Source 的 Name 属性就可以确定对象的名称。

程序代码如下：

```
    Private Sub Image1_MouseDown(Button As Integer, Shift As Integer, X As Single,
y As Single)
        If Button = vbLeftButton Then Image1.Drag 1
    End Sub

    Private Sub Image2_MouseDown(Button As Integer, Shift As Integer, X As Single,
y As Single)
        If Button = vbLeftButton Then Image2.Drag 1
    End Sub

    Private Sub Image3_DragDrop(Source As Control, X As Single, y As Single)
        Dim i As Integer
        If Source.Name = "Image1" Then
            i = MsgBox("要删除文件吗？", vbOKCancel)
        Else
            i = MsgBox("要删除小纸条吗？", vbOKCancel)
        End If
        If i = 1 Then Source.Visible = False
    End Sub
```

**独立思考后完成以下项目：**

（1）编写一个模拟秒表操作的程序，运行界面如图 2-8-13 所示。程序运行后，单击“启动”按钮，该按钮变灰（不可用），在上面的标签上显示开始时间。过一会单击“停止”按钮，该按钮变灰，同时“启动”按钮可用，并在中间的标签上显示结束时间，在下面的标签上显示经过的时间。

（2）设计一个滚动的标签，要求标签在滚动过程中标签的颜色也是随机改变的。

（3）利用文本框控件和命令按钮设计一个相关功能的程序，可以对文本框中的文本信息进行剪切、复制、粘贴等功能的运行界面如图 2-8-14 所示。

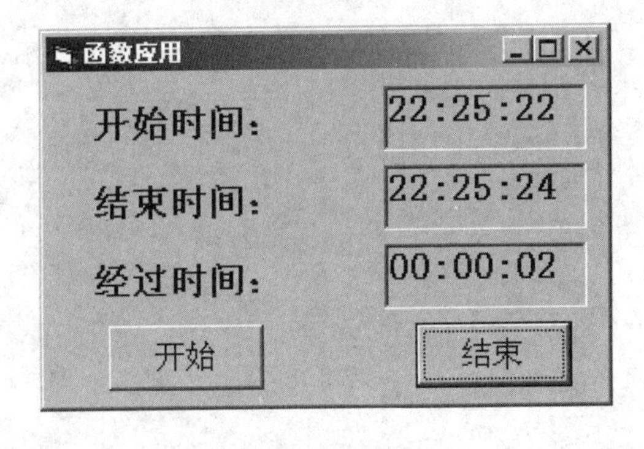


图 2-8-13　运行界面

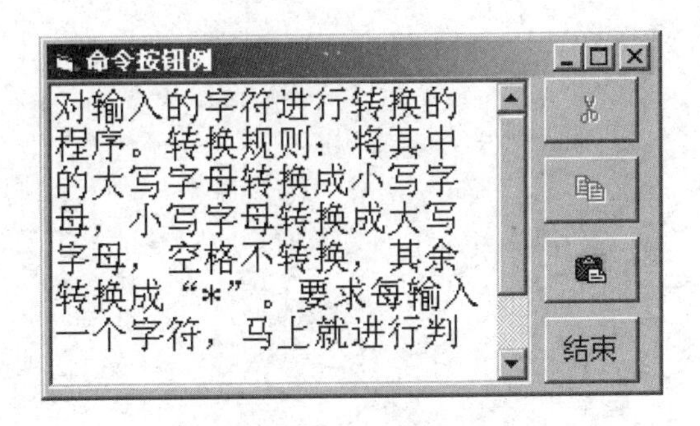


图 2-8-14　命令功能运行界面

（4）利用列表框命令按钮和文本框编写程序完成相关功能，可以向列表框中添加项目、删除项目、修改项目。程序运行界面如图 2-8-15 所示。

（5）编写程序，实现如图 2-8-16 所示的功能界面。

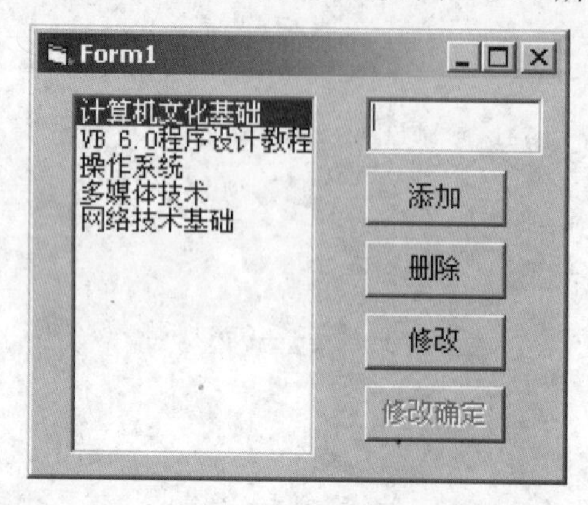


图 2-8-15　程序运行界面

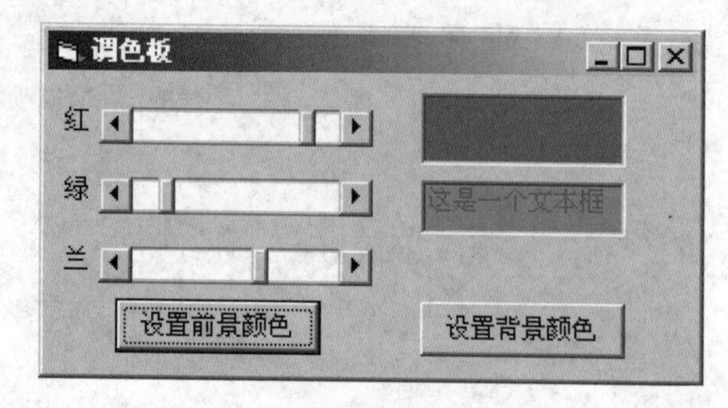


图 2-8-16　调色板功能界面

（6）编写程序，要求实现一副图片的动态效果。如图 2-8-17 所示。

（a）

（b）

图 2-8-17　不同时刻的不同动态效果

# 实验九 界面设计

## 一、实验目的

1．学会使用通用对话框进行编程。
2．掌握窗口菜单、弹出式菜单和实时菜单的设计方法。
3．掌握工具栏、图像列表框控件的使用。
4．掌握状态栏控件的使用方法。
5．掌握 RichTextBox 控件的使用。
6．综合应用所学到的知识，编制具有可视化界面的应用程序。

## 二、实验内容

### ❖实验 9.1

设计一个运行界面如图 2-9-1 所示的应用程序。当选择“改变标签标题颜色”按钮后，弹出颜色对话框，为标签标题选择一个颜色；当选择“编辑文本文件”按钮后，弹出打开文件对话框，选择一个文本文件后调用记事本程序编辑该文件。

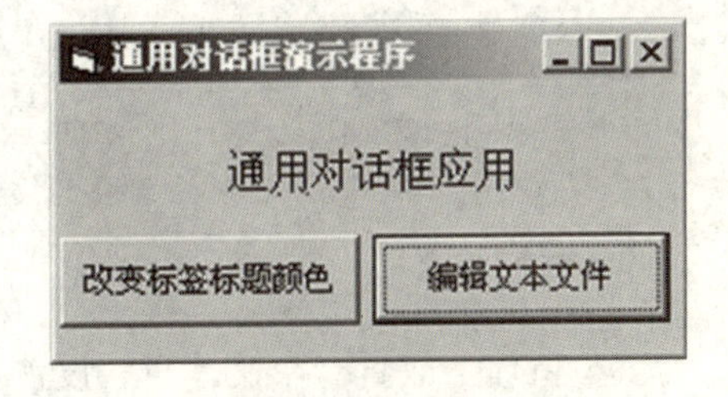

图 2-9-1　实验 9.1 运行界面

【提示】

（1）尽管在该程序中用到了颜色和打开文件两个对话框，但是实际上只需要一个通用对话框控件即可。

（2）可以使用 Shell 函数运行记事本程序。注意在记事本程序名与所选的一个文本文件名之间要留一个空格。

程序代码如下：

```
Private Sub Command1_Click()
   CommonDialog1.ShowColor
   Label1.ForeColor = CommonDialog1.Color
End Sub

Private Sub Command2_Click()
   CommonDialog1.ShowOpen
```

```
    i = Shell(start + "notepad.exe  " + CommonDialog1.FileName, 1)
    'START 为启动 Windows 命令
End Sub
```

### ❖实验 9.2

在窗体上放置通用对话框、命令按钮和图像框。通过单击命令按钮弹出文件打开对话框，在对话框内只允许显示图形文件，初始目录为 C：\Windows。选定一个文件后，单击“打开”按钮，在图形框中显示所选择的图片内容。运行界面如图 2-9-2 所示。

【提示】

（1）通过 CommonDialog1.Filter 属性过滤图形文件。如果在程序中没有该属性，必须要将设置语句放在 ShowOpen 方法之前。

（2）使用 LoadPicture 方法将所选的图形文件装入到图像框中。该语句要放在 ShowOpen 方法之后。

（3）为了能够让图像框把整个图像都显示出来（完全显示），需要将图像框的 Stretch 属性设置为 True。

程序代码如下：

```
Private Sub Command1_Click()
    CommonDialog1.Filter = "位图文件|*.bmp|Gif 文件|*.gif|*.jpg|*.jpg"
    CommonDialog1.ShowOpen                    ' 或用 Action = 1
    Image1.Picture = LoadPicture(CommonDialog1.FileName)
End Sub
```

### ❖实验 9.3

在窗体上放置一个文本框，设置它的 Multiline 属性为 True。设计一个含有 2 个主菜单项的菜单系统，分别为“菜单 1”和“菜单 2”。其中“菜单 1”包括“清除”、“结束”两个菜单命令。“菜单 2”包括“12 号字体”、“16 号字体”、“粗体”、“斜体”4 个命令菜单。程序的运行界面如图 2-9-3 所示。菜单各项的功能如下。

图 2-9-2　实验 9.2 程序运行界面

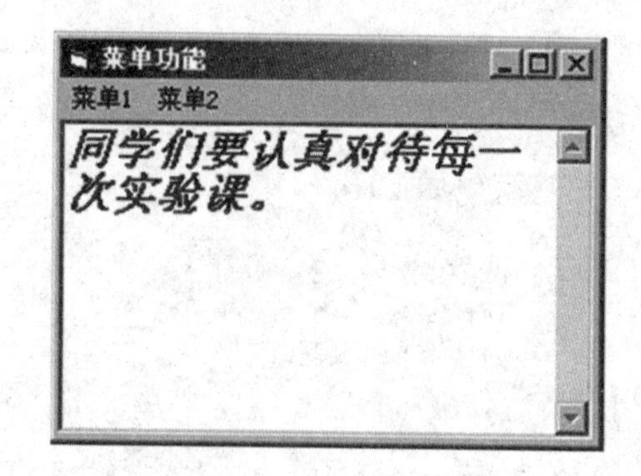


图 2-9-3　实验 9.3 程序运行界面

“清除”命令：清除文本框中所显示的内容。

“12 号字体”或“16 号字体”命令：把文本框中的文本字体设置成 12 号字体或 16 号字体。

“粗体”或“斜体”命令：在菜单项左边添加或取消标记“ √”，控制文本框中文本字体的变化。

窗体中“菜单 2”的显示与否与文本框中有无内容相关，当清除文本框中的内容时，隐藏“菜单 2”，当文本框中输入文本信息后，显示“菜单 2”。另外可以通过单击鼠标右键弹出“菜单 2”。

**【提示】**

（1）在菜单项左边添加或取消标记“√”可以使用代码:

菜单项名称.Checked=Not，菜单项名称.Checked

（2）文本框内的文本粗体字控制可以使用代码:

Text1.FontBold=菜单项名称.Checked 或者 Text1.FontBold= Not Text1.FontBold

斜体字的控制也可以类似地使用 FontItalic 属性。

（3）利用菜单 2 的 Visible 属性控制菜单的显示与隐藏。可以在文本框的 Change 事件中进行设置。

（4）在程序运行时用 PopupMenu 方法显示弹出菜单。

程序代码如下：

```
Private Sub Form_MouseDown(Button As Integer, Shift As Integer, X As Single,
Y As Single)
    If Button = 2 Then PopupMenu menu2
End Sub

Private Sub menu11_Click()
    Text1.Text = ""                                ' 清除文本框中的内容
  ' menu2.Visible = False
End Sub
Private Sub menu21_Click()
    Text1.FontSize = 12                             ' 设置字体大小
End Sub

Private Sub menu22_Click()
    Text1.FontSize = 16                             ' 设置字体大小
End Sub

Private Sub menu23_Click()
    menu23.Checked = Not menu23.Checked               ' 控制"√"标记显示与否
    Text1.FontBold = menu23.Checked                   ' 粗体
End Sub

Private Sub menu24_Click()
    menu24.Checked = Not menu24.Checked
```

```
    Text1.FontItalic = Not Text1.FontItalic          ' 斜体与粗体控制功能类似
End Sub

Private Sub Text1_Change()
    menu2.Visible = (Text1 > "")
End Sub
Private Sub Text1_MouseDown(Button As Integer, Shift As Integer, X As Single, 
Y As Single)
    If Button = 2 Then PopupMenu menu2
End Sub
```

**❖实验 9.4**

窗体上放置文本框、通用对话框控件。设计一个含有 2 个主菜单项的菜单系统，分别为“菜单 1”和“菜单 2”。其中“菜单 2”包括“号字体”、“粗体”、“斜体”3 个菜单命令。单击“菜单 1”可以打开字体对话框，要求字体对话框出现删除线、下画线、颜色控制等信息，可以设置文本框的字体属性。根据粗体、斜体的选择情况，在菜单项“粗体”、“斜体”左边加上或取消标记“√”，同时使“号字体”子菜单项标题显示为所选择的具体字号，例如，“16 号字体”。另外可以通过鼠标右键弹出“菜单 2”，显示当前的设置情况。程序运行界面如图 2-9-4 所示。

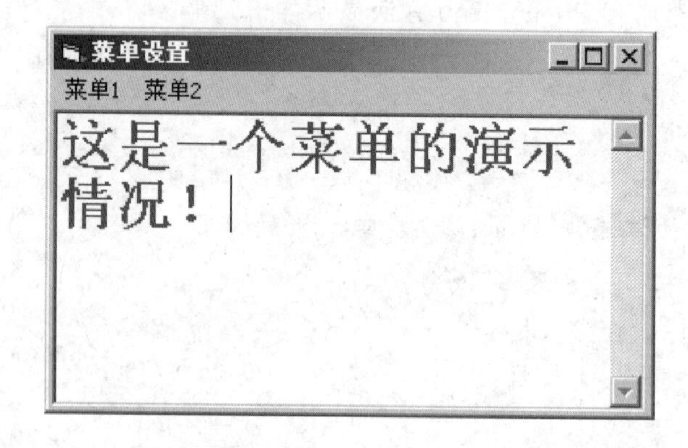


图 2-9-4　实验 9.4 程序运行界面

**【提示】**

（1）在使用通用对话框控件选择字体之前，必须要设置 Flags 属性。利用 Font 属性集改变设置文本框的字体属性。

（2）字体对话框中的 FontName 属性没有默认值，在程序中必须判定该属性是否指定了字体名，若选定了字体，则 FontName 属性为非空。如果属性为空时，用其设置文本框的 FontName 属性，将产生“无效属性值”实时错误。

（3）可根据 CommanDialog1.FontBold 的属性值控制“粗体”菜单项的 Checked 属性，用 CommanDialog1.FontItalic 的属性值控制“斜体”菜单项的 Checked 属性。使用 CommanDialog1.FontSize & “号字体”设置“号字体”子菜单标题值。

程序代码如下：

```
    Private Sub Form_MouseDown(Button As Integer, Shift As Integer, X As Single,
Y As Single)
        If Button = 2 Then PopupMenu menu2
    End Sub

    Private Sub menu1_Click()
        CommonDialog1.Flags = cdlCFBoth Or cdlCFEffects
        CommonDialog1.ShowFont                          ' 或用 Action = 4
        If CommonDialog1.FontName > " " Then                ' 如果选择了字体
            Text1.FontName = CommonDialog1.FontName       ' 设置文本框内的字体
        End If
        Text1.FontSize = CommonDialog1.FontSize              ' 设置字体大小
        Text1.FontBold = CommonDialog1.FontBold              ' 设置粗体字
        Text1.FontItalic = CommonDialog1.FontItalic            ' 设置斜体字
        Text1.FontStrikethru = CommonDialog1.FontStrikethru     ' 设置删除线
        Text1.FontUnderline = CommonDialog1.FontUnderline      ' 设置下画线
        Text1.ForeColor = CommonDialog1.Color                 ' 设置颜色
        menu21.Caption = CommonDialog1.FontSize & "号字体"
        menu22.Checked = CommonDialog1.FontBold          ' 控制"√"标记显示与否
        menu23.Checked = CommonDialog1.FontItalic
    End Sub

    Private Sub Text1_MouseDown(Button As Integer, Shift As Integer, X As Single,
Y As Single)
        If Button = 2 Then PopupMenu menu2
    End Sub
```

❖实验 9.5

在“菜单 1 ”的子菜单“清除”前添加一个“查找”菜单命令，并与“清除”菜单命令之间有一条分隔线，单击“查找”菜单命令，显示如图 2-9-5 所示的查找对话框，当在文本框内输入内容时，可在主窗体的文本框内查找指定的内容。

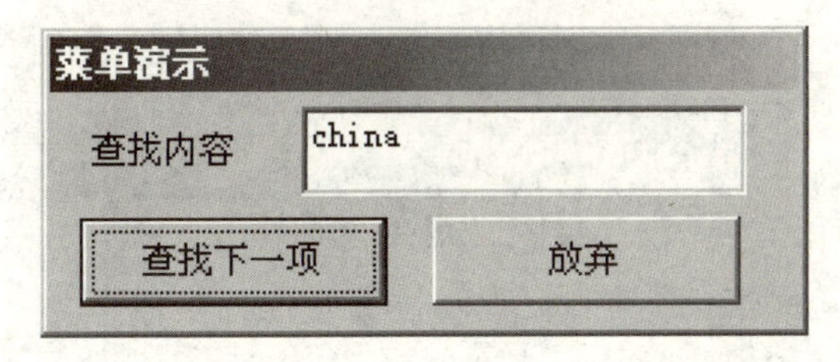


图 2-9-5　实验 9.5 的查找对话框

【提示】

（1）使用窗体创建自定义对话框。通过设置 BorderStyle 和 ControlBox 的属性，可使对话框的大小固定，删除窗体的“控制”菜单框、“最大化”按钮以及“最小化”按钮。

（2）多重窗体之间的数据传递可通过在类模块文件中声明的全局变量完成，也可以直接使用加窗体前缀名的控件。

（3）使用 InStr()函数实现查找。为了能查找出多个相同的字符，需要声明一个静态变量用于设置每次搜索的起点。

“查找下一项”按钮的代码如下：

```
Private Sub Command1_Click()
    Static i
    i = InStr(i + 1, Form5.Text1, Text1)
    If i > 0 Then
        Form5.Text1.SelStart = i - 1
        Form5.Text1.SelLength = Len(Text1)
        Form5.Text1.SetFocus
    Else
        MsgBox "查找结束"
    End If
End Sub
```

❖实验 9.6

添加一个“帮助”菜单，在“帮助”菜单中的“关于……”命令对话框中显示有关该应用程序的版本信息。

【提示】

一般来说，“关于”对话框是模态的。将窗体作为模态对话框显示应使用如下的语句：
窗体名．Show VisualBasicModal

❖实验 9.7

在实验 9.5 的基础上，按照菜单的各项功能添加工具栏，在窗体下方加入有 2 个窗格的状态栏，第 1 个窗格在按下 Shift、Ctrl 和 Alt 键时显示相应的键名，第 2 个窗格显示时钟。运行界面如图 9-6 所示。

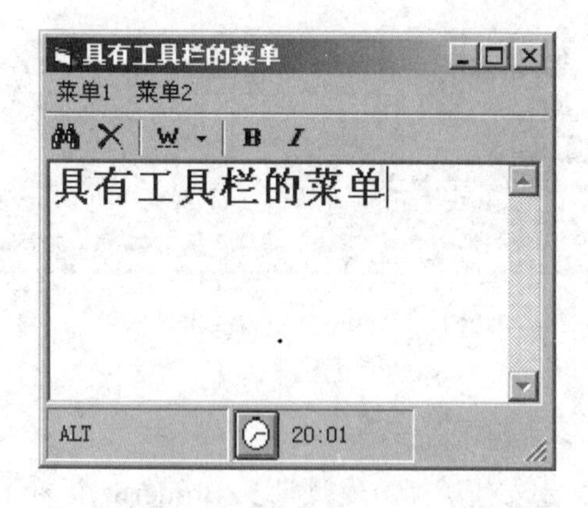


图 2-9-6　实验 9.7 运行界面

【提示】

（1）“菜单 2”中的“12 号字体”、“16 号字体”功能对应的按钮采用菜单按钮（设置样式值为 5），在 Toolbar1_ButtonMenuClick 事件响应时所做的选择。“粗体”、“斜体”对应的按钮采用开关按钮（设置样式值为 1），在 Toolbar1_ButtonClick 事件响应时所做的选择。

（2）使用 KeyDowm 事件判断对键盘的操作。KeyDown 事件提供 keycode 和 shift 两个参数，keycode 参数为所按键的键代码，shift 参数是响应 Shift 键、Ctrl 键和 Alt 键的状态的一个整数，分别对应于值 1、2 和 4。使用“StatusBarl.Panels(1)Text="提示"”，在窗格 1 显示键名。

程序代码略。同学一定要自己操作一遍！

### ❖实验 9.8

设计一个动态菜单，随着用户打开的文件多少来增添菜单项目的多少。

要求：在“文件”菜单下具有“新建”、“打开”、“保存”、“退出”等菜单项，在单击“打开”命令项时，出现弹出对话框，要求用户选择一个需要打开的文本文件，然后要求“文件”菜单能够保存最近打开的 5 个文本文件。

【提示】

如果需要随着应用程序的变化动态地增减菜单项，这必须要使用菜单控件数组。在“菜单编辑器”对话框中，加入一个新的菜单项，将其索引（Index）项属性设置为 0，然后可以加入名称相同、Index 相邻的菜单项。也可以只有一个 Index 值为 0 的选项，在运行时通过菜单控件数组和索引值使用 Load 方法加入菜单项。使用 Unload 方法删除菜单项。

操作步骤

（1）在“文件”菜单的“退出”菜单项前面和“打开”菜单项后面插入一个菜单项 RunMenu，设置索引值为 0，使 RunMenu 成为菜单数组，Visible 属性设置为 Flase，再插入一个名称为 Bar3 的分割线，Visible 属性设置为 Flase。

（2）假定要保留的文件清单限定为 4 个文件名，设定一个全局变量 imenucount 记录文件打开的数量，当 imenucount 小于 5 时，每打开一个文件，就用 Load 方法向 RunMenu（）数组加入一个动态菜单成员，并设置菜单项标题为所打开的文件名，对于第五个以后打开的文件不再需要加入数组元素中。

（3）采用先进先出的算法刷新最先使用动态菜单成员的标题。

“打开”菜单项的代码如下：

```
iMenucount = iMenucount + 1
If iMenucount < 5 Then
bar3.Visible = True
Load RunMenu(iMenucount)                    ' 装入新菜单项
RunMenu(iMenucount).Caption = CommonDialog1.FileName
RunMenu(iMenucount).Visible = True
```

```
    Else
i = iMenucount Mod 4
' 第五个以后的文件刷新数组控件的标题
    If i = 0 Then i = 4
    RunMenu(i).Caption = CommonDialog1.FileName
    End If
```

思考：要删除所建立的动态菜单项，应该采用 Unload 方法；那么我们如何采用该方法来实现动态菜单项的删除呢？

参考代码如下：

```
Private Sub MenuDel_Click()
    Dim n As Integer
        If iMenucount > 4 Then                  ' 如果文件数大于 4
        n = 4
    Else
        n = iMenucount
    End If
    For i = 1 To n
    Unload RunMenu(i)                          ' 删除菜单项
    Next i
    iMenucount = 0                             ' 重置文件打开数
    bar3.Visible = False                        ' 隐含分隔线
End Sub
```

**独立思考后完成项目：**

（1）为一个窗体添加工具栏和状态栏，要求工具栏具有相应的图标，并且每个按钮具有相应的单击事件；状态栏要求能够动态显示系统时间。

（2）设置一个多页文档，要求实现窗体之间的相互调用；设置父窗体和子窗体，运行程序并调用子窗体，查看运行结果。

（3）设置状态栏，要求在调用窗体时，能够显示相应的提示信息（状态栏中的某个页，能够动态改变，显示当前激活窗体的名称）。

# 实验十　文 件 操 作

## 一、实验目的

1．掌握文件系统控件（驱动器列表框 Drivelistbox、目录列表框 dirlistbox、文件列表框 Filelistbox）。

2．掌握 VB 中文件的概念、种类及其结构。

3．掌握顺序文件的操作：打开、读/写、关闭。

4．了解随机文件的操作：打开、读/写、关闭。

5．了解二进制文件的操作。

6．了解使用 FileSystem Object (FSO) 对象模型对文件进行操作的一些基础知识。

7．学会文件在应用程序中的使用。

## 二、实验内容

### ❖实验 10.1

建立一个文本浏览器。窗体上放置驱动器列表框、目录列表框、文件列表框和两个文本框，如图 2-10-1 所示。

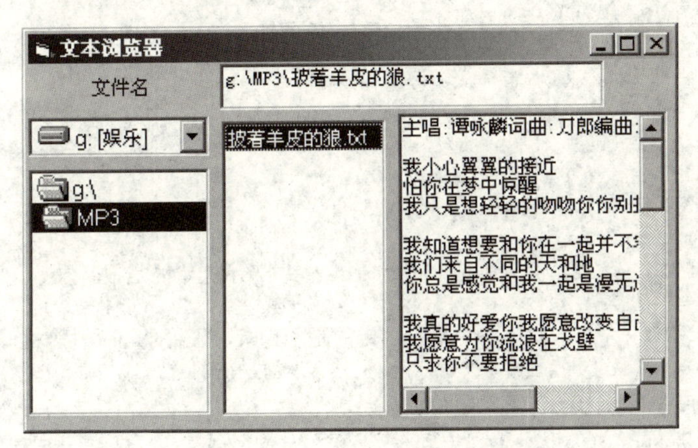


图 2-10-1　实验 10.1 运行界面

要求：

（1）文件列表框能够过滤文本文件。

（2）当单击某文本文件名称后，在 Text1 显示文件名称（包含路径），在 Text2 显示该文件的内容。

（3）当双击某文本文件名称后，调用记事本程序对文本文件进行编辑。

**【提示】**

（1）针对第二个问题，可以利用顺序文件的读入语句，将磁盘上的文件读入，并在文本框中显示。

（2）调用记事本程序对文本文件进行编辑，可以调用 Shell（ ）函数，执行记事本可执行程序，并带有文本文件为参数。

程序代码如下：

```
Private Sub Dir1_Change()
    File1.Path = Dir1.Path
End Sub

Private Sub Drive1_Change()
    Dir1.Path = Drive1.Drive
End Sub

Private Sub File1_Click()
Dim fname$, st$
    If Right(File1.Path, 1) = "\" Then ' 表示选定的是根目录
      fname = File1.Path + File1.FileName
    Else                  ' 表示选定的是子目录，子目录与文件名之间加"\"
      fname = File1.Path + "\" + File1.FileName
    End If
    Text1 = fname
    Text2 = ""
    Open fname For Input As #1
    Do While Not EOF(1)
      Line Input #1, st
      Text2 = Text2 & st & vbCrLf
    Loop
    Close #1
End Sub
Private Sub File1_DblClick()
    Dim fname$, st$, i%
    If Right(File1.Path, 1) = "\" Then ' 表示选定的是根目录
      fname = File1.Path + File1.FileName
    Else                     ' 表示选定的是子目录，子目录与文件名之间加"\"
      fname = File1.Path + "\" + File1.FileName
    End If
    i = Shell("C:\WINNT\system32\notepad.exe" + " " + fname, 1)
End Sub

Private Sub Form_Load()
    File1.Pattern = "*.txt"
End Sub
```

### ❖实验 10.2

用文件系统控件编写一个简单的图片浏览器。窗体上放置驱动器列表框、目录列表框、文件列表框、一个图像框、两个框架和四个单选按钮，界面如图 2-10-2 所示。

要求：

（1）文件列表框能够过滤扩展名为 wmf、jpg、ico、bmp 的图形文件。

（2）当单击某图形文件后在图像框显示该文件。

（3）单击不同显示比例的单选按钮时，图像等比例地放大或缩小。

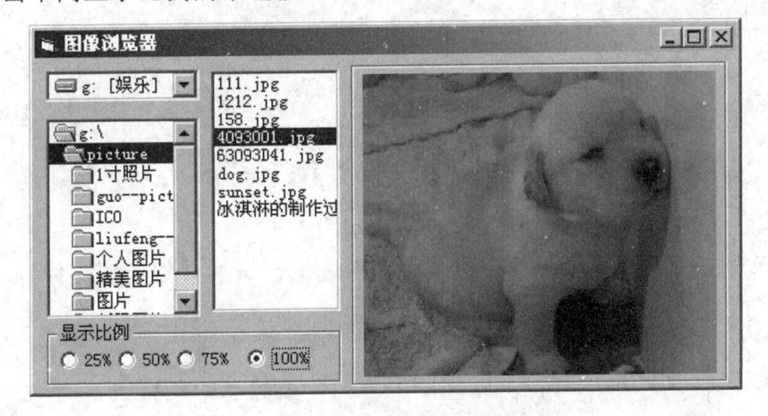


图 2-10-2　实验 10.2 程序运行界面

关键代码：

```
Option Explicit
Dim sngWidth As Single, sngHeight As Single
Private Sub Dir1_Change()
    '目录列表框 Path 属性改变时触发 Change 事件。
    File1.Path = Dir1.Path '使文件列表框与目录列表框的 Path 属性同步
End Sub

Private Sub Drive1_Change()
    On Error Resume Next '出错执行下一句
    '在驱动器列表框选择新驱动器后，
    'Drive1 的 Drive 属性改变，触发 Change 事件
    Dir1.Path = Drive1.Drive '将驱动器盘符赋予目录列表框 Path 属性

    If Err.Number Then '若有错误发生(如软驱中无磁盘)
        MsgBox "设备未准备好！", vbCritical
    End If
End Sub

Private Sub File1_Click() '在文件列表框中选择文件
    Dim fName As String
    '取文件全路径
    If Right$(File1.Path, 1) = "\" Then
        fName = File1.Path & File1.FileName
    Else
```

```
        fName = File1.Path & "\" & File1.FileName
    End If
    Image1.Picture = LoadPicture(fName) '加载图片文件
End Sub
Private Sub Form_Load()
    '设置文件过滤
    File1.Pattern = "*.emf;*.wmf;*.jpg;*.jpeg;" & _
        "*.bmp;*.dib;*.gif;*.gfa;*.ico;*.cur"
    Image1.Stretch = True
    sngWidth = Image1.Width '存图像框原始宽、高
    sngHeight = Image1.Height
End Sub
Private Sub Option1_Click(Index As Integer) '选择显示比例
    Image1.Width = sngWidth * Val(Option1(Index).Caption) / 100
    Image1.Height = sngHeight * Val(Option1(Index).Caption) / 100
End Sub
```

思考：由于程序较简单，可考虑添加以下功能：

幻灯片方式播放、上一幅、下一幅，设置为墙纸、查看其他类型文件等功能。

### ❖实验 10.3

建立一个具有 3 个学生三项内容的文本文件，内容分别为姓名 、专业、年龄，前两项是字符串，后一项是整型。单击“建立”按钮，分别利用：

Print #文件号 ，[输出列表]

Write #文件号 ，[输出列表]

两种格式同时建立两个文件，文件分别为 c:\t1.txt 和 c:\t2.txt（打开两个文件，以不同的文件号区分）。单击“显示”按钮，从磁盘上以行读方式分别读入刚建立的两个文件，分别在两个文本框中显示，比较之间的区别。运行结果如图 2-10-3 所示。

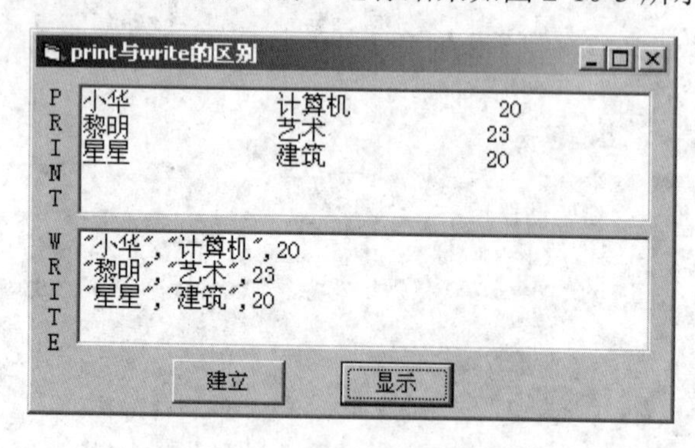


图 2-10-3　实验 10.3 程序运行界面

程序代码如下：

```
Private Sub Command1_Click()
  Dim name$, spe$, age%
  Open "c:\t1.txt" For Output As #1
  Open "c:\t2.txt" For Output As #2
```

```
  For i = 1 To 3
    name = InputBox("输入姓名" & i)
    spe = InputBox("输入" & name & "的专业")
    age = InputBox("输入" & name & "的年龄")
    Print #1, name, spe, age
    Write #2, name, spe, age
  Next i
  Close #1, #2
End Sub

Private Sub Command2_Click()
  Dim s
  Open "c:\t1.txt" For Input As #11
  Open "c:\t2.txt" For Input As #22
  Text1 = ""
  Text2 = ""
   Do While Not EOF(11)
     Line Input #11, st
     Text1 = Text1 & st & vbCrLf
  Loop
  Do While Not EOF(22)
     Line Input #22, st
     Text2 = Text2 & st & vbCrLf
  Loop
  Close #11, #22
End Sub
```

看到运行结果后，同学要仔细比较它们之间的区别。

### ❖实验 10.4

Print 方法与 Print 语句比较。在窗体上显示如图 2-10-4 所示的图形，将该图形同时以文本文件 C:\tu.txt 写到磁盘上，通过文本编辑器显示建立的文件。

图 2-10-4　实验 10.4 程序运行界面

程序代码：

```
Private Sub Form_Click()
 Open "c:\tu.txt" For Output As #1
 For i = 0 To 3
 j = 3 - i
```

```
    Print Tab(14 - i); String(i * 2 + 1, Chr(i + 65)); Spc(3); String(j * 2
+ 1, Chr(j + 65))
    Print #1, Tab(14 - i); String(i * 2 + 1, Chr(i + 65)); Spc(3); String(j
* 2 + 1, Chr(j + 65))
   Next i
    For i = 1 To 3
     j = 3 - i
     Print Tab(11 + i); String(j * 2 + 1, Chr(j + 65)); Spc(3); String(i * 2
+ 1, Chr(i + 65))
     Print #1, Tab(9 + i); String(j * 2 + 1, Chr(j + 65)); Spc(3); String(i
* 2 + 1, Chr(i + 65))
     Next i
     Close #1
  End Sub
```

### ❖实验 10.5

试编写如图 2-10-5 所示的程序，实现新建文件、新建文件夹、写文件的功能，主要练习 FSO 对象的引用及使用。

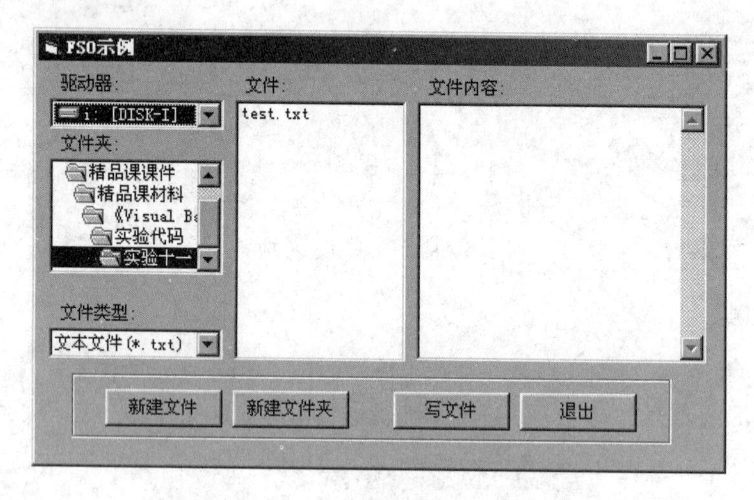


图 2-10-5　实验 10.5 程序运行界面

操作步骤：

（1）设置界面的设计。

（2）文件类型组合框中条目的添加是在程序运行时载入，可以通过如下代码来实现。

```
Dim sItem As String
    sItem = "文本文件(*.txt)"
    Combo1.AddItem sItem + Space(20 - Len(sItem)) + "*.txt"
    sItem = "所有文件(*.*)"
    Combo1.AddItem sItem + Space(20 - Len(sItem)) + "*.*"
Combo1.ListIndex = 0    '默认类型为文本文件
```

（3）新建文件的实现过程。

```
Dim fName As String
   fName = InputBox("请输入文件名", "输入")
   If fName = "" Then Exit Sub                '若文件名为空，退出过程
   sPathName = GetDir                        '调用获取路径自定义函数
fso.CreateTextFile (sPathName & fName)  '新建文件
```

（4）新建文件夹的实现过程。

```
  On Error Resume Next
   Dim sFolderName As String
   sFolderName = InputBox("请输入文件夹名", "输入")
   If sFolderName = "" Then Exit Sub '若文件夹名为空，退出过程
   sPathName = GetDir                '调用获取路径自定义函数
   '新建文件夹
fso.CreateFolder (sPathName & sFolderName)
```

（5）写文件的代码略。

### ❖实验 10.6

设计一个利用通用对话框对顺序打开的文件进行如下操作：

（1）单击“打开”按钮，能够打开某个文本文件；

（2）单击“保存”按钮，当编辑后可以对文本文件进行保存；

（3）单击“查找下一个”按钮，查找文本文件中定冠词 The，找到后以高亮宽度显示，如图 2-10-6 所示的程序运行界面。

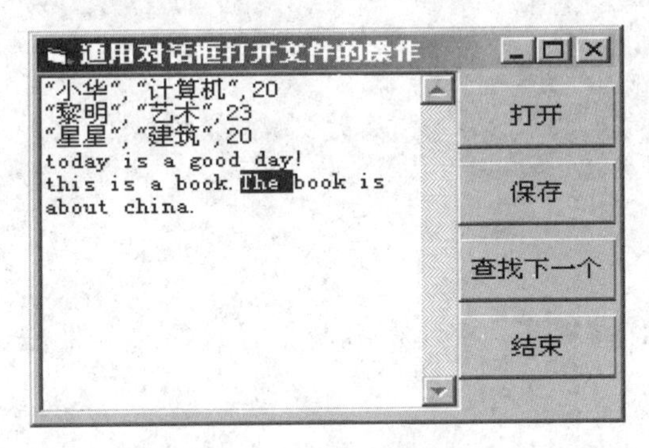


图 2-10-6　实验 10.6 程序运行界面

**【提示】**

利用“通用对话框”打开文本文件，只要设置 Filter 和 Action 属性即可。查找定冠词要使用 InStr ( ) 函数。

程序代码如下：

```
Private Sub Command1_Click(Index As Integer)
   Select Case Index
   Case 0                    ' 打开文件
     Text1 = ""
```

```
      Dim s$
      C1.Filter = "*.txt|*.txt"
      C1.Action = 1
      Open C1.FileName For Input As #1
      Do While Not EOF(1)
        Line Input #1, s
        Text1 = Text1 + s + Chr(13) + Chr(10)
      Loop
      Close #1
    Case 1                  ' 保存文件
      C1.Filter = "*.txt|*.txt"
      C1.Action = 2
      Open C1.FileName For Output As #1
      Print #1, Text1
      Close #1
    Case 2                     ' 查找定冠词 The
      Text1.SetFocus
      Static j%                          ' 静态变量,保值,保留前一次查找到的位置
      j = InStr(j + 1, Text1, "The ")    ' 从原来找到的"The "下一个字符起继续查找
      If j > 0 Then
        Text1.SelStart = j - 1     '显示包括该 j 字符起的内容
        Text1.SelLength = 4
        j = j + 1
      Else
        MsgBox "找不到"
      End If
    Case 3                     ' 结束程序运行
      End
  End Select
End Sub
```

### ❖实验 10.7

二进制文件读写操作编程序，实现将 D 盘根目录中的文件 Abc.dat 复制到 C 盘，且文件名改为 Myfile.dat。

程序参考代码如下：

```
Dim char As Byte
' 打开源文件
Open "D:\Abc.dat" For Binary As # 1
' 打开目标文件
Open "C:\Myfile.dat" For Binary As # 2
Do While Not EOF(1)
Get #1, , char     ' 从源文件读出一个字节
Put #2, , char     ' 将一个字节写入目标文件
Loop
Close#1, #2
```

### ❖实验 10.8

在窗体上建立 3 个菜单。名称分别为 Read、Cale 和 Save，标题分别为“读入数据”、“计算并输出”和“存盘”，如图 2-10-7 所示。然后画一个文本框，设置 Multiline 属性值为 True，ScrollBars 属性设置为 2。

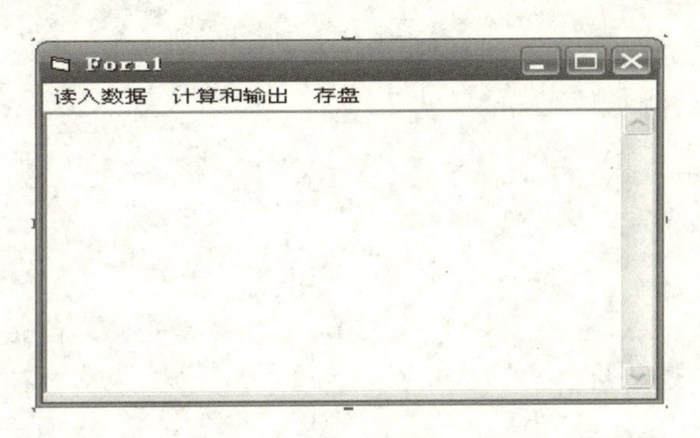


图 2-10-7　顺序文件读、写操作

程序运行后，如果选择“读入数据”命令，则读入 datain1.txt 文件 100 个整数，放入一个数组中，数组的下界值为 1；如果选择“计算并输出”命令，则把该数组中下标为奇数的元素在文本框中显示出来，求出它们的和。并把所求得的值在窗体上显示出来；如果选择“存盘”命令，则把所求得的和存入 dataout.tex 文件中。

分析：本程序涉及 VB 菜单编辑器的使用、数组的使用、子过程及函数过程的编写和调用、文件的读操作、文件的写操作、菜单项事件过程的编写等。

源代码：

Rem“通用”代码段如下：

```
Option Explicit
Option Base 1
Dim arr(100) As Integer
Dim sum As Integer
```

Rem 过程“ReadData”的程序代码如下：

```
Public Sub ReadData()
Dim i As Integer
Open App.Path & "\" & "datain1.txt" For Input As #1
For i = 1 To 100
Input #1, arr(i)
Next i
Close #1
End Sub
```

Rem 过程“WriteData”的程序代码如下：

```
Public Sub WriteData(Filename As String, Num As Integer)
Open App.Path & "\" & Filename For Output As #1
Print #1, Num
```

```
Close #1
End Sub
```

Rem 菜单“读入数据”Read 的 Click 事件代码如下：

```
Private Sub Read_Click()
Call ReadData
End Sub
```

Rem 菜单“计算并输出”Calc 的 Click 事件代码如下：

```
Private Sub Cale_Click()
Dim i As Long
Text1.Text = ""
sum = 0
i = 1
While i <= 100
sum = sum + arr(i)
Text1.Text = Text1.Text & " " & arr(i)
i = i + 1
Wend
Text1.Text = Text1.Text & vbCrLf & "奇数之和是：" & sum
End Sub
```

Rem 菜单“存盘”Save 的 Click 事件代码如下：

```
Private Sub Save_Click()
Call WriteData("dataout.txt", sum)
End Sub
```

### ❖实验 10.9

如图 2-10-8 所示，建立一个用于添加和读取记录的应用程序，当单击“添加”按钮时，能连续地添加学生记录；单击“读取”按钮时，能够读取文件中的任意一条记录，并且当记录号超出范围时报错。

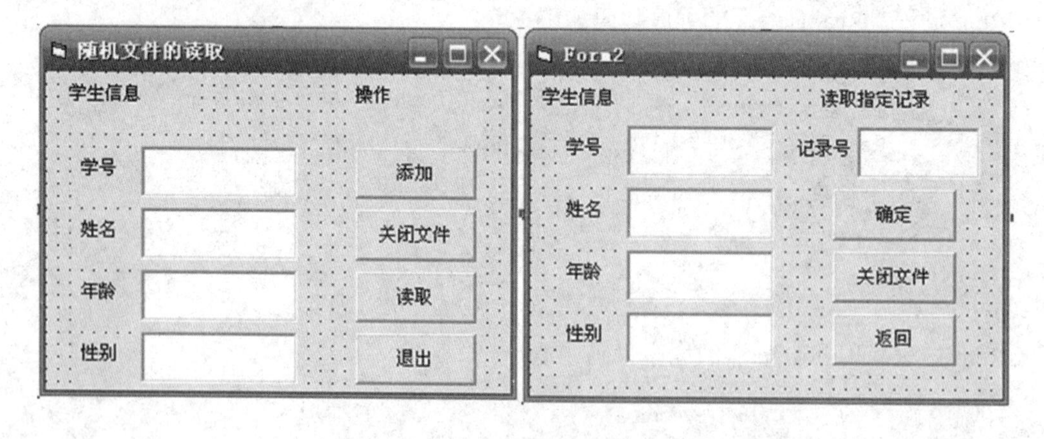


图 2-10-8　随机文件的读和写操作

分析：要添加随机文件中的记录，需要先找到最后一条记录的记录号，然后在其后添加一条新记录。当要读取指定记录号的记录时，应先判断记录号的合法性，然后再读出记录的内容。选择“工程”菜单中的“添加窗体”和“添加模块”命令，添加窗体Form2和Module1，然后在窗体Form1、Form2中添加所需要的控件。

设计界面后，编写如下代码：

Rem 标准模块Module1的程序代码如下：

```
Public Type student
    stu_id As Integer
    stu_name As String * 8
    stu_age As Integer
    stu_sex As String * 2
End Type
Public stu As student
Public num As Long, filenumber As Integer
```

Rem 窗体Form1及其控件代码程序如下：

```
Private Sub Command1_Click()  '添加按钮
    num = LOF(filenumber) / Len(stu) + 1 '最后一条记录
    If Text1.Text = "" Or Text2.Text = "" Or Text3.Text = "" Or Text4.Text
= "" Then
    MsgBox "输入不能为空，请重新输入", , "输入数据"
    Else
    With stu
    .stu_id = Val(Text1.Text)
    .stu_name = Text2.Text
    .stu_age = Val(Text3.Text)
    .stu_sex = Text4.Text
    End With
    Put #filenumber, num, stu '在记录号为num的记录中写入数据
    Text1.Text = ""
    Text2.Text = ""
    Text3.Text = ""
    Text4.Text = ""
    End If
End Sub
Private Sub Command2_Click()  '关闭按钮
    Close #filenumber
    Command1.Enabled = False
    Command2.Enabled = False
End Sub
Private Sub Command3_Click()  '读取按钮
    Form2.Show
End Sub
Private Sub Command4_Click()  '退出按钮
    End
End Sub
Private Sub Form_Load()
```

```
        filenumber = FreeFile '获得文件号
        Open App.Path & "\" & "test.txt" For Random As filenumber Len = Len(stu)
    End Sub
    Private Sub Text1_Change()
        Command1.Enabled = True
        Command2.Enabled = True
    End Sub
    Rem 窗体 Form2 及其控件代码程序如下:
    Private Sub Command1_Click()   '确定
        If Text5.Text = "" Then
            MsgBox "请输入要读取记录的记录号", , "读取出错"
            Exit Sub
        Else
            num = Val(Text5.Text)
            If num > LOF(filenumber) / Len(stu) Or num <= 0 Then '判断记录号的合
法性
                MsgBox "记录号超出范围,请重新输入"
                Text5.Text = ""
                Text5.SetFocus
            End If
            Get #filenumber, num, stu '读取指定记录号的记录
            Text1.Text = stu.stu_id
            Text2.Text = stu.stu_name
            Text3.Text = stu.stu_age
            Text4.Text = stu.stu_sex
        End If
    End Sub
    Private Sub Command2_Click()  '关闭文件
        Close #filenumber
        Command1.Enabled = False
        Command2.Enabled = False
        Text5.Locked = True
    End Sub
    Private Sub Command3_Click()  '返回
        Form1.Show
        Unload Me
        Form1.Command1 = True
        Form1.Command2 = True
    End Sub
```

**独立思考后完成项目：**

（1）编写一个程序，运行界面如图 2-10-9 所示。

将输入的资料保存在 c:\stu.txt 文件中

提示：本例主要考查顺序读写文件的方法。

（2）编写一个程序，输入某仓库的货物数据，建立一个顺序文件。每次从键盘上输入一种货物的数据，包括货物号、名称、单价、进库日期和数量。建立文件后输出全部结果。

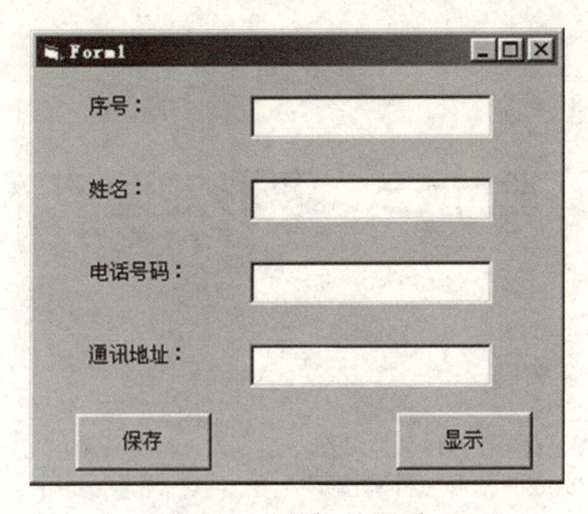


图 2-10-9　程序运行界面

（3）假定磁盘上有一个学生成绩文件，存放着 100 个学生的情况，包括学号、姓名、性别、年龄和 5 门课程的成绩。试编写一个程序，建立以下 4 个文件：

① 女生情况的文件。

② 按照 5 门课程成绩高低排列学生情况的文件（需要增加平均成绩一栏）。

③ 按照年龄从小到大顺序排列全部学生情况的文件。

④ 按照五门课程及平均成绩的分数段（60 分以下，60～70 分，71～80 分，81～90 分，90 分以上），进行人数统计的文件。

# 实验十一　图形处理技术

## 一、实验目的

1．了解 Visual Basic 的图形功能。

2．掌握建立图形坐标系的方法。

3．掌握 Visual Basic 的图形控件和图形方法。

4．掌握常用几何图形的绘制方法。

5．掌握简单动画的设计方法。

6．掌握实现图形漫游的方法。

## 二、实验内容

### ❖实验 11.1

在窗体中建立一个坐标系。$X$ 轴的正向向右，$Y$ 轴的正向向上，原点在窗体中央。在坐标系上用 Line 方法绘制$-2\pi\sim2\pi$之间的正弦曲线，如图 2-11-1 所示。

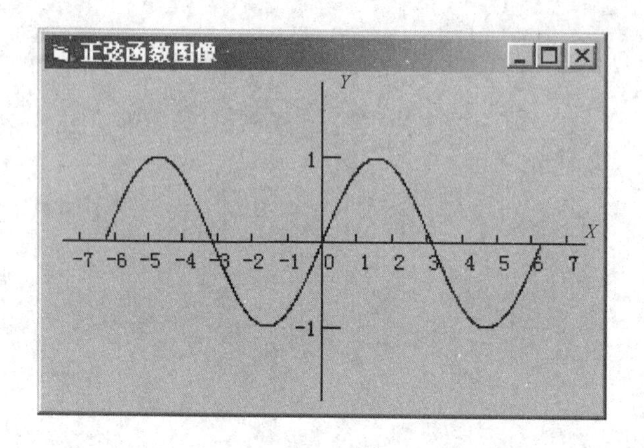


图 2-11-1　实验 11.1 程序运行界面

**【提示】**

（1）可以采用 Scale 方法定义坐标系。

（2）坐标轴用 Line 方法画出。

（3）$X$ 轴上的坐标刻度线两端点的坐标满足（$I$, 0）-（$I$, $y_0$），其中 $y_0$ 为一定值。$Y$ 轴上的坐标刻度线两端点的坐标满足（0, *I*）-（$x_0$, *I*），其中 $x_0$ 为一定值。可以用循环语句，变化 *I* 值来标记 *X* 轴与 *Y* 轴上的坐标刻度。

（4）设置 Current*X*、Current*Y*，用 Print 输出坐标轴的数字标记。

程序代码如下：

```
Private Sub Form_Click()
   Cls
   Form1.Scale (-8, 2)-(8, -2)                         ' 定义坐标系
   Line (-7.5, 0)-(7.5, 0): Line (0, 1.9)-(0, -1.9)     ' 画 X 轴与 Y 轴
   CurrentX = 7.5: CurrentY = 0.2: Print "X"
   CurrentX = 0.5: CurrentY = 2: Print "Y"
   For i = -7 To 7                           ' 在 X 轴上标记坐标刻度，线长 0.1
      Line (i, 0)-(i, 0.1)
      CurrentX = i - 0.2: CurrentY = -0.1: Print i
   Next i
   For i = -1 To 1                                    ' 在 Y 轴上标记坐标刻度
      If i <> 0 Then
         CurrentX = -0.7: CurrentY = i + 0.1: Print i
         Line (0.5, i)-(0, i)
      End If
   Next i
   CurrentX = -6.283: CurrentY = 0                     ' 设置起点坐标
   For i = -6.283 To 6.283 Step 0.01
      x = i: y = Sin(i)                               ' 设置下一点坐标
      Line -(x, y)                                  ' 从当前点画到下一点
   Next i
End Sub
```

### ❖实验 11.2

编写一个循环程序，在屏幕上同时显示不同形状和填充图案，如图 2-11-2 所示：

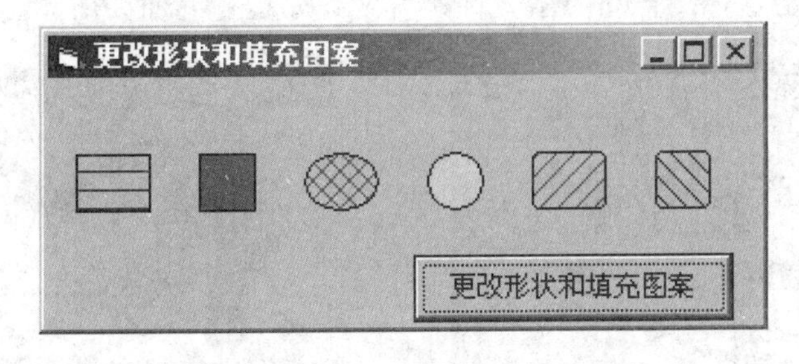


图 2-11-2　实验 11.2 程序运行界面

**【提示】**

可以使用 Shape 对象的数组控件，由 Shape 属性确定所需要的形状。封闭图形的填充方式由 FillStyle 和 FillColor 这两个属性决定。

```
Private Sub Form_Load()
```

```
For i = 1 To 5
   Load Shape1(i)                                   ' 装入 Shape 对象数组控件
   Shape1(i).Visible = True
   Shape1(i).Left = Shape1(i - 1).Left + 750      ' 设置 Shape 的显示位置
   Shape1(i).Shape = i                             ' 设置 Shape 的形状
Next i
End Sub

Private Sub Command1_Click()
Randomize
For i = 0 To 5
    Shape1(i).FillStyle = Int(Rnd * 8)                 ' 设置填充模式
    Shape1(i).FillColor = QBColor(Int(Rnd * 15))      ' 设置填充颜色
Next i
End Sub
```

### ❖实验 11.3

编写一个循环程序，用 Line 控件对象在屏幕上随机产生 20 条长度、颜色、宽度不同的直线。

【提示】

使用 Line 对象的数组控件，BorderWidth 属性确定直线宽度，BorderColor 属性确定颜色，X1，Y1，X2，Y2 属性决定直线的位置。

### ❖实验 11.4

在窗体上放置一个标签和框架，框架内放置驱动器列表框、目录列表框和文件列表框，文件列表框只允许显示图形文件，如图 2-11-3（a）所示，当用鼠标在文件列表框选择一个图形文件后，标签内显示所选文件的目录路径，窗体上显示该文件的图形，并隐藏文件系统三个控件。若单击窗体，重新显示文件系统。程序运行界面如下图 2-11-3（b）所示：

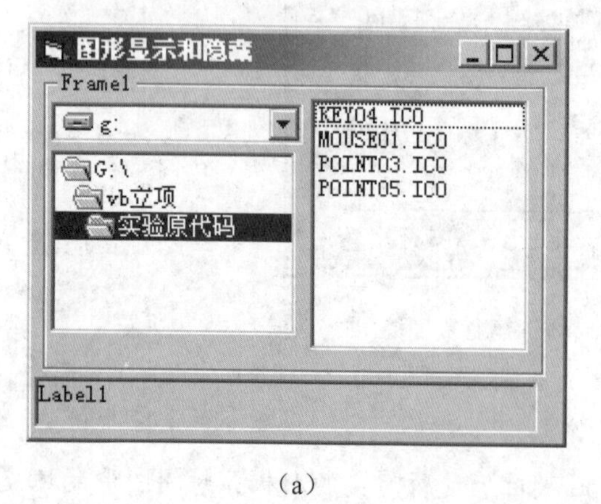


（a）

（b）

图 2-11-3　实验 11.4 程序运行界面

【提示】

（1）框架 Frame1 的隐藏与显示可同时控制框架内的所有控件。

（2）在文件列表框的 Pattern 属性中过滤图形文件，例如，*.ico;*.bmp;*.gif;*.wmf。

程序代码如下：

```
Private Sub Dir1_Change()
    File1.Path = Dir1.Path
End Sub

Private Sub Drive1_Change()
    Dir1.Path = Drive1.Drive
End Sub

Private Sub File1_Click()
    mpath = File1.Path
    If Right(mpath, 1) <> "\" Then mpath = mpath + "\"
    mpath = mpath + File1.FileName
    Form3.Picture = LoadPicture(mpath)
    Label1 = mpath
    Frame1.Visible = False
End Sub

Private Sub Form_Click()
    Frame1.Visible = True
End Sub
```

### ❖实验 11.5

建立一个图形浏览器。窗体上放置驱动器列表框、目录列表框、文件列表框、标签、图像框和滚动条等控件，如图 2-11-4 所示。当用鼠标在文件列表框选择一个图形文件后，标签内显示所选择文件的目录路径，图像框内显示该文件的图形，使用滚动条可以缩放图像内的图形。

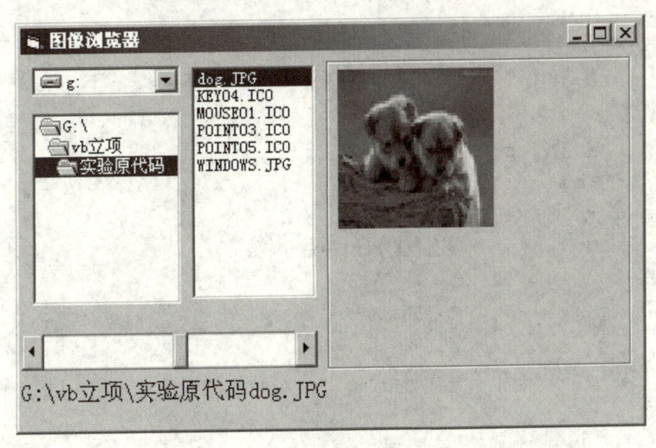


图 2-11-4　实验 11.5 运行界面

【提示】

（1）当图像框的 Stretch 属性为 True 时，可以自动调整加载的图形尺寸以适应图像框的大小。要求能用滚动条缩放图像框中的图形，只需要用滚动条的 Value 属性值控制图像框的 Width 和 Height 属性。

（2）学生也可以将驱动器列表框、目录列表框、文件列表框改用通用对话框来代替。

程序代码如下：

```
Option Explicit
Dim sngWidth As Single, sngHeight As Single

Private Sub Dir1_Change()
 File1.Path = Dir1.Path
End Sub

Private Sub Drive1_Change()
     On Error Resume Next '出错执行下一句
     '在驱动器列表框选择新驱动器后
     'Drive1 的 Drive 属性改变，触发 Change 事件
     Dir1.Path = Drive1.Drive '将驱动器盘符赋予目录列表框 Path 属性
     If Err.Number Then '若有错误发生(如软驱中无磁盘)
     MsgBox "设备未准备好！", vbCritical
     End If
End Sub

Private Sub File1_Click()
    Dim fName As String    '取文件全路径
    If Right$(File1.Path, 1) = "\" Then
    fName = File1.Path & File1.FileName
    Else
    fName = File1.Path & "\" & File1.FileName
    End If
    Image1.Picture = LoadPicture(fName) '加载图片文件
    Label1.Caption = File1.Path & File1.FileName
End Sub

Private Sub Form_Load()
  '设置文件过滤
  File1.Pattern = "*.emf;*.wmf;*.jpg;*.jpeg;" & _
  "*.bmp;*.dib;*.gif;*.gfa;*.ico;*.cur"
  Image1.Stretch = True
  sngWidth = Image1.Width '存图像框原始宽、高
  sngHeight = Image1.Height
End Sub

Private Sub HScroll1_Change()
Image1.Height = HScroll1.Value
Image1.Width = HScroll1.Value
End Sub
```

❖实验 11.6

用 Line 方法在窗体上绘制艺术图案，构造图案的算法为：把一个半径为 $r$ 的圆等分为 $n$ 份（要求等分数通过文本框指定），然后用直线将这些点两两相连，如图 2-11-5 所示。

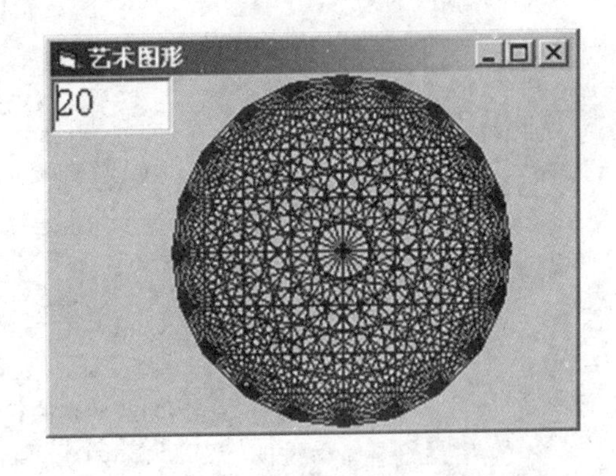


图 2-11-5 实验 11.6 程序运行界面

【提示】

（1）在半径为 $r$ 的圆周上第 $i$ 个等分点的坐标为：$x_i=r\cos(it)+x_0$，$y_i=r\sin(it)+y_0$。其中，$t$ 为等分角，（$x_0$，$y_0$）为圆心坐标，$r$ 为圆的半径。

（2）在双重循环控制内用 Line 方法将这些点两两相连。

程序代码如下：

```
    Dim r, xi, yi, xj, yj, x0, y0, aif As Single
    Cls
    r = Form1.ScaleHeight / 2                        ' 圆的半径
    x0 = Form1.ScaleWidth / 2                        ' 圆心
    y0 = Form1.ScaleHeight / 2
    n = Val(Text1)                                   ' 等分圆周为 n 份
    aif = 3.1415926 * 2 / n                          ' 等分角
    For i = 1 To n - 1                               ' 选择(xi, yi)点
       xi = r * Cos(i * aif) + x0
       yi = r * Sin(i * aif) + y0
       For j = i + 1 To n                            ' 选择(xj, yj)点
          xj = r * Cos(j * aif) + x0
          yj = r * Sin(j * aif) + y0
          Line (xi, yi)-(xj, yj)                     ' 等分点连线
       Next j
    Next i
End Sub
```

❖实验 11.7

用 Pest 方法在窗体上画 1000 个随机点，点的大小在单位 1～4 之间变化，点的颜色也随机变化。

【提示】

（1）为在窗体内各个点上都能分布到产生的随机点，随机值应该与窗体的高度和宽度相关，设置随机点坐标为：$x$=Rnd*form1.width，$y$=Rnd*form1.height。

（2）如果坐标系的中心在窗体中央，需要根据随机函数产生的随机值数量均等的原理，判断 Rnd<0.5，设置 $x=-x$ 或者 $y=-y$，以便随机点能够分布到其他象限。

程序代码如下：

```
Private Sub Form_Click()
    Dim i As Integer
    Scale (-320, 240)-(320, -240)
    For i = 1 To 1000
        x = 320 * Rnd                                   ' 产生 x 坐标
        y = 240 * Rnd                                   ' 产生 y 坐标
        If Rnd < 0.5 Then x = -x                        ' 其他 3 个象限
        If Rnd < 0.5 Then y = -y
        Form6.DrawWidth = Rnd * 4 + 1                   ' 设置点的大小为 2
        colorcode = Int(16 * Rnd)                       ' 产生色彩代码
        PSet (x, y), QBColor(colorcode)
    Next i
End Sub
```

### ❖实验 11.8

设计一个如图 2-11-6 所示的指针时钟。

图 2-11-6　实验 11.8 程序运行界面

**【提示】**

（1）在 Visual Basic 坐标系中，采用逆时针绘圆，而时钟指针的移动按照顺时针方向，故指针与坐标轴的夹角 $a$ 必须乘以-1。另外，时钟指针的起点在 12 点，坐标轴正向对应时钟 3 点处，时钟指针与参照点的夹角需要调整π/2。

（2）时钟指针通过圆心，故指针另一端点与原点的连线与坐标轴夹角还需调整π。

（3）设 ss=Second（Time）为当前秒数，秒针要指在相应的刻度上，则 $a=-(ss*2\pi/60)+\pi/2$，设 mm=Minute(Time)为当前分数，分针与坐标轴的夹角 $a=-(mm*2\pi/60)+\pi/2$，hh=Hour（Time）返回的是当前时数，时针与坐标轴的夹角 $a=-(hh*2\pi/12+mm*\pi/360)+\pi/2$。

（4）时钟指针两端点的坐标：

$x1=R1\cos a$，$y1=R1\sin a$；$x2=R2\cos(a+\pi)$，$y2=R2\sin(a+\pi)$

（5）指针的移动由时钟控件的 Timer 事件触发。

程序代码如下：

```
Dim pi As Double                                        ' 声明窗体级变量

Private Sub Form_Load()
    pi = 3.14159265358979
    cx = Form7.ScaleWidth / 2: cy = Form7.ScaleHeight / 2
    Scale (-cx, cy)-(cx, -cy)                                    ' 定义坐标系
    For i = 1 To 12                                     ' 每 30° 画一刻度线
        aif = pi * (i - 1) / 6
        Load Line4(i)                                       ' 1000，1200 为刻度起终点半径
```

```
        Line4(i).X1 = 1000 * Cos(aif): Line4(i).Y1 = 1000 * Sin(aif)
        Line4(i).X2 = 1200 * Cos(aif): Line4(i).Y2 = 1200 * Sin(aif)
        Line4(i).Visible = True
    Next i
    Timer1_Timer
End Sub

Private Sub Form_Paint()
    Circle (0, 0), 1400                              ' 画钟面外圆
End Sub

Private Sub Timer1_Timer()
    hh = Hour(Time) Mod 12                           ' 取当前时、分、秒数
    mm = Minute(Time): ss = Second(Time)
    aif = ss * pi / 30 + pi / 2                          ' 秒针与坐标轴的夹角
    Line3.X1 = 100 * Cos(aif): Line3.Y1 = -100 * Sin(aif)
    Line3.X2 = 1000 * Cos(aif - pi): Line3.Y2 = -1000 * Sin(aif - pi)
    aif = mm * pi / 30 + pi / 2                          ' 分针与坐标轴的夹角
    Line2.X1 = 100 * Cos(aif): Line2.Y1 = -100 * Sin(aif)
    Line2.X2 = 900 * Cos(aif - pi): Line2.Y2 = -900 * Sin(aif - pi)
    aif = hh * pi / 6 + mm * pi / 360 + pi / 2             ' 时针与坐标轴的夹角
    Line1.X1 = 100 * Cos(aif): Line1.Y1 = -100 * Sin(aif)
    Line1.X2 = 700 * Cos(aif - pi): Line1.Y2 = -700 * Sin(aif - pi)
End Sub
```

### ❖实验 11.9

在窗体上放置一个时钟控件、一个命令按钮和一组图像控件，图像控件装入 VB 系统提供的 Moon01.ico～Moon08.ico9 个图片，命令按钮的 caption 属性设置为“启动”。当单击命令按钮时，command1.caption 的提示变为“停止”，窗体的图标为月亮的运动状态，同时动态地显示窗体标题“月亮在转动”，当再次单击命令按钮时，command1.caption 的提示变为“启动”，停止标题的滚动和图标的变化。运行界面如图 2-11-7 所示。

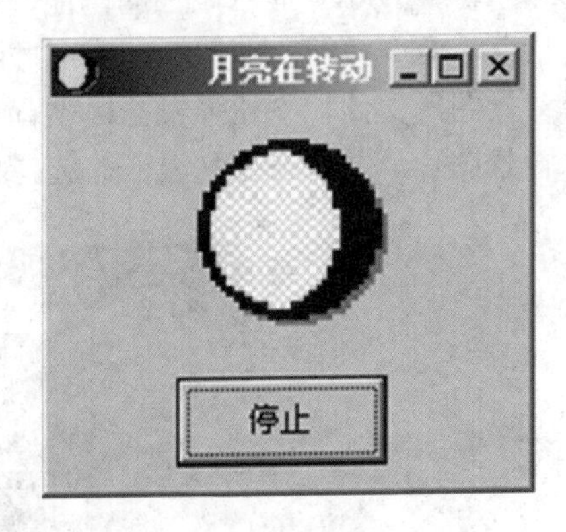

图 2-11-7　实验 11.9 程序运行界面

**【提示】**

（1）在程序运行时变换对象的图形属性可采用 LoadPicture 函数装入指定的图片，或将一个对象的 picture 属性赋予另一个对象。

（2）为了便于编写程序，图像控件要使用数组。

（3）滚动窗体标题文字的简单方法：使用 Left ( )、Right ( )、Mid ( ) 函数从字符串中截取要显示的文字赋予窗体的 Caption 属性。变化所截取文字的长度形成窗体标题文字的滚动效果。

程序代码如下：

```
Private Sub runtop()
    Static n
    n = n + 1: If n = 8 Then n = 0                    ' 指定陀螺的某张图片
    Form8.Icon = Image1(n).Picture                  ' 窗体的 Icon 属性装入图片
    Form8.Caption = Mid("                       月亮在转动", n + 1)
    Image2 = Image1(n).Picture
End Sub

Private Sub Command1_Click()
    If Command1.Caption = "启动" Then
        Command1.Caption = "停止"
    Else
        Command1.Caption = "启动"
    End If
End Sub

Private Sub Timer1_Timer()
    If Command1.Caption = "停止" Then runtop
End Sub
```

### ❖实验 11.10

模仿 windows 显示属性的功能，设计一个窗体背景设置窗。窗体上放置列表框、通用对话框、命令按钮、图形框，图形框中放置图像框。命令按钮 1 用于打开通用对话框，选择背景图形文件，下拉列表框提供背景图的平铺、居中、拉伸效果，图像框用于预览选择的背景图片，并按下拉列表框的选择在图形框内模拟显示位置，如图 2-11-8 所示。

图 2-11-8　实验 11.10 程序运行界面

```
Private Sub Combo1_Click()
    Select Case Combo1.ListIndex
    Case 0
    Image1.Width = Picture1.ScaleWidth / 2
    Image1.Height = Picture1.ScaleHeight / 2
    Case 1
    Image1.Width = Picture1.ScaleWidth / 2
```

```
    Image1.Height = Picture1.ScaleHeight / 2
    Image1.Left = (Picture1.ScaleWidth - Image1.Width) / 2
    Image1.Top = (Picture1.ScaleHeight - Image1.Height) / 2
    Case 2
    Image1.Stretch = True
    Image1.Left = 150
    Image1.Top = 150
    Image1.Width = Picture1.ScaleWidth - 300
    Image1.Height = Picture1.ScaleHeight - 300
    End Select
End Sub

Private Sub Command1_Click()
    CommonDialog1.ShowOpen
    Image1 = LoadPicture(CommonDialog1.FileName)
End Sub
```

**独立思考后完成项目：**

（1）建立一个窗体。窗体设置有图形框和按钮，可以通过单击命令按钮在图形框中绘制余弦曲线。

（2）使用 Multimedia 控件制作一个用于播放 AVI 动画的播放器。

（3）设计一个动态的窗体标题。

（4）设计程序，要求能够打印乘法表。

（5）建立一个椭圆形状的窗体。

（6）使用 PaintPicture 方法实现圆形从中间向两侧展开或从右边飞入的效果。

（7）编写一个画图程序，程序运行界面如图 2-11-9 所示。

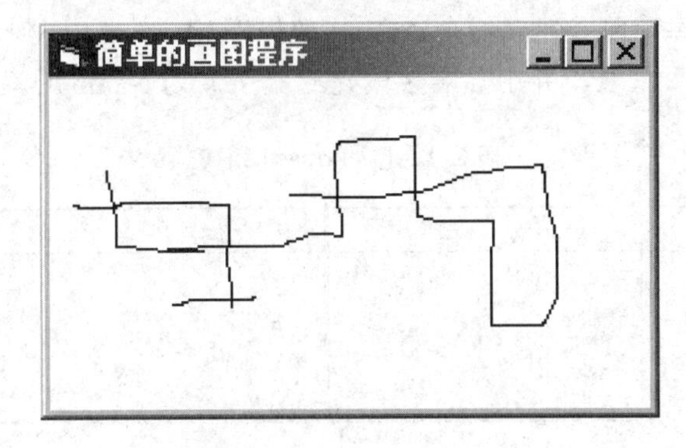


图 2-11-9　程序运行界面

# 实验十二　数据库开发技术

## 一、实验目的

1．掌握 VB 中数据库的使用方法。
2．掌握数据库管理器的使用。
3．掌握 DATA 数据控件和 ADD 数据控件的使用。
4．掌握数据绑定控件的使用。
5．使用代码操作数据库。
6．掌握 SQL 的使用。
7．掌握数据窗体向导的使用。
8．掌握数据报表的设计方法。
9．掌握其他报表类型的设置方法。

## 二、实验内容

### ❖实验 12.1

使用可视化数据库管理器建立一个 Access 数据库 Mydb.mdb，包含表名为 Student，结构如表 2-12-1 所示的一张表，并用姓名字段建立索引名为 Name 的索引。

表 2-12-1　student 结构

| 字 段 名 | 类　型 | 字 段 名 | 类　型 |
|---|---|---|---|
| 学号 | 文本，10 位 | 姓名 | 文本，10 位 |
| 性别 | 逻辑 | 出生年月 | 日期 |
| 专业 | 文本，10 位 | 家庭地址 | 文本，20 位 |
| 照片 | 二进制 | 备注 | 备注型 |

### ❖实验 12.2

使用可视化数据库管理器在数 Mydb.mdb 据库内再增加一张表名为 Class 的表，表结构如表 2-12-2 所示，并用学号字段建立索引名为 ID 的索引。

表 2-12-2　Class 结构

| 字 段 名 | 类　型 | 字 段 名 | 类　型 |
|---|---|---|---|
| 学号 | 文本.10 位 | 课程名 | 文本.10 位 |
| 成绩 | 单精度 | 学期 | 整型 |

### ❖实验 12.3

使用数据控件与绑定控件游览数据库 Mydb.mdb，要求如下：

（1）设计 Form1 窗体，通过文本框，标签，图像框等绑定控件与数据控件绑定，显示 Student 表内的记录显示界面参考图 2-12-1 所示。

（2）对数据控件属性进行设置，使之可以对记录集直接进行增加、修改操作。使用相应代码连接数据库。

**【提示】**

利用数据控件来显示数据库表中的数据只需要设置相应显示控件（文本框、表格控件、图形框、图像框等）中的属性即可。

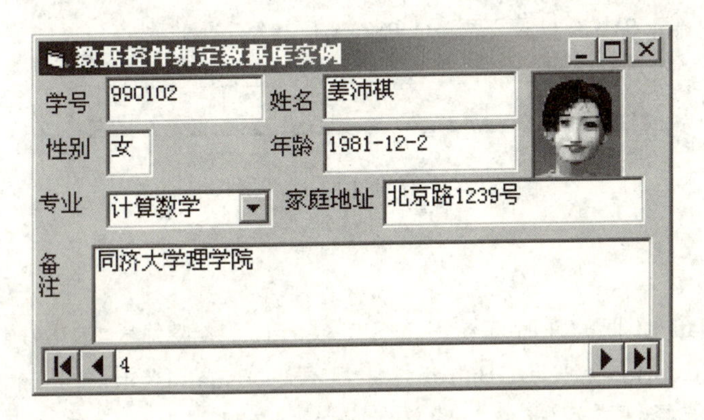


图 2-12-1　实验 12.3 程序运行界面

程序其他代码如下：

```
Private Sub Data1_Reposition()
   Data1.Caption = Data1.Recordset.AbsolutePosition + 1
End Sub
Private Sub Form_Load()
   Data1.DatabaseName = App.Path + "\mydb.mdb"
End Sub
Private Sub Image1_Click()
   Image1.Picture = Clipboard.GetData
End Sub
```

### ❖实验 12.4

在实验 12.3 题的基础上增加 Form2 窗体，要求如下：

（1）设计 Form2 窗体，使用数据控件与文本框、标签等控件绑定，显示 Class 表内的记录，显示界面效果自定。

（2）对数据控件属性进行设置使之可以对记录集直接进行增加、修改操作。

（3）在每个窗体的 Form_Click()事件中，使用 Show 方法打开另一个窗体。

### ❖实验 12.5

设计一个窗体，通过使用数据控件和数据网格控件浏览 Student 表内的记录。如图 2-12-2 所示。

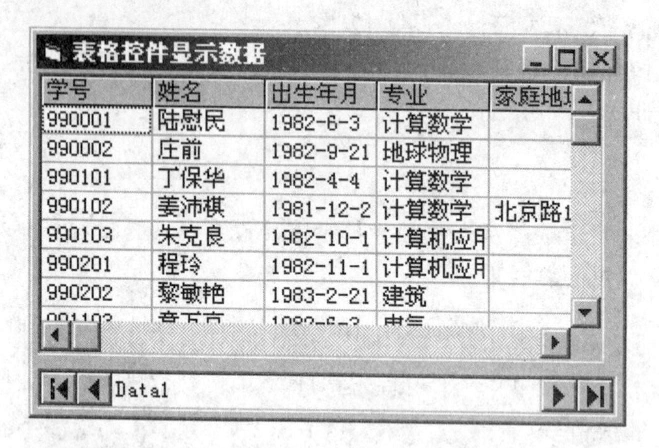


图 2-12-2　实验 12.5 程序运行界面

**【提示】**

（1）使用 Data 数据控件时可使用 MSFlexGrid 网络控件或 VB5.0 提供的数据网格控件。DBGridMSFlexGrid 控件与 DBGrid 控件都不是 Visual Basic 工具箱内的默认控件，需要在开发环境中选择“工程|部件”菜单命令，并在随即出现的对话框中选择 Microsoft FlexGrid Control6.0 或 Microsoft Data Bound Grid Control(5.0)，将其添加到工具箱中。然后才可以使用表格控件。

（2）为了提高程序的通用性，可以使用代码连接数据库，这样可以避免路径的错误而使程序不可运行。

在窗体的 Load 事件中加载如下代码：

```
mpath = App.Path
   If Right(mpath, 1) <> "\" Then mpath = mpath + "\"
   Data1.DatabaseName = mpath + "mydb.mdb"
   Data1.Refresh
```

### ❖实验 12.6

设计一个窗体，通过使用数据控件和 MSFlexGrid 数据网格控件浏览 Class 表内的记录，并对网格控件的字体、样式等属性进行设置。

### ❖实验 12.7

在实验 12.3 题的 Form1 窗体上加入菜单，布局如图 2-12-3 所示。通过菜单对 Student 表提供新增、删除、修改和浏览功能，要求如下：

（1）程序运行时，窗体内不显示 Data 控件。

（2）当鼠标单击“增加”菜单项时，出现空白的输入框，并有一个“确认”按钮和一个“放弃”按钮，窗体布局如图 2-12-4 所示。当一条记录输入完毕，单击“确认”按钮后，当前输入自动存入到数据表内，若单击“放弃”按钮，当前输入无效，返回到图 2-12-4 所示的运行界面。

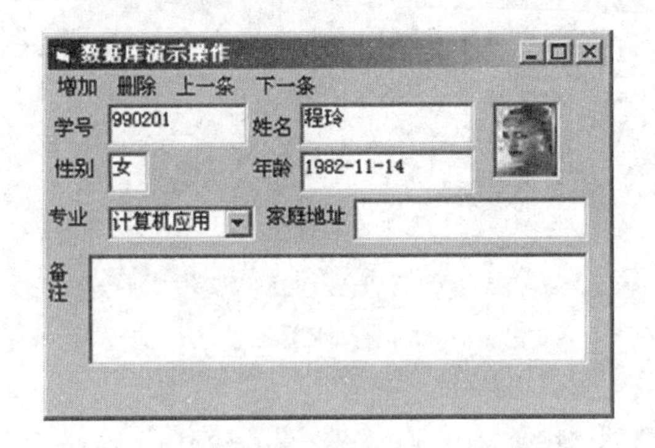


图 2-12-3　加入菜单布局时运行界面

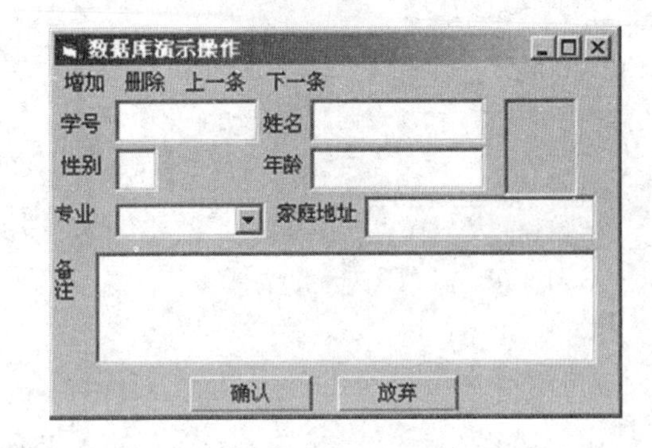


图 2-12-4　单击“放弃”后运行界面

（3）鼠标单击“删除”菜单项时，可删去数据表内的当前记录。

（4）鼠标单击“上一条”或“下一条”菜单项时，可改变当前记录。

【提示】

将“确认”按钮和“放弃”按钮隐藏在 Form3 窗体，单击“增加”菜单项时，使按钮显示，同时调用 AddNew 方法，单击按钮后，使按钮重新隐藏。

### ❖实验 12.8

设计一个窗体，通过 DBList1 和 DBList2 控件分别显示 Student 表内的学号、姓名字段，当单击数据控件 Data1 上的箭头时，使 DBList1 和 DBList2 控件内的数据同步，在 DBList3 控件显示表 Class 中与当前学号相关的课程名记录，显示的运行界面如图 2-12-5 所示。

【提示】

（1）DBList 控件不是 Visual Basic 工具箱内的默认控件，需要在开发环境中选择“工程|部件”菜单命令，并在随即出现的对话框中选择 Microsoft Data Bound List Controls 选项，将它们添加到工具箱中。

（2）窗体上使用两个数据控件，将 DBList1 和 DBList2 控件绑定在 Datal 上，DBList3 控件绑定在 Data2 上。当控件绑定到数据库后，同时将 DBList 控件的 RowSource 属性指向一个 Data 控件名，设置列表自动填充，LisField 属性指定填充列表的字段。

（3）当单击数据控件 Data1 上的箭头时，触发 Datal_Reposition 事件，DBListl.BoundText 属性可返回当前学号值。为了能从 Class 表中读取与当前学号相关的课程名记录，可使用 SQL 语句设置 Data2. RecordSource 属性：

Data2.RecordSource = "select * from class where 学号=' " +DBList1.BoundText + "' "

程序运行代码如下：

```
Private Sub Data1_Reposition()
Data2.RecordSource = "select * from class where 学号='" + DBList1.BoundText
+ "'"
Data2.Refresh
End Sub

Private Sub Form_Load()
    Data1.DatabaseName = App.Path + "\mydb.mdb"
    Data1.RecordSource = "student"
    Data2.DatabaseName = App.Path + "\mydb.mdb"
    Data2.RecordSource = "class"
End Sub
```

❖实验 12.9

设计一个窗体，通过 DBList 控件和 DBCombo 控件浏览 Student 表内的记录，分别显示姓名、专业和出生年月。当单击数据控件上的箭头时，要求三个控件内的当前位置同步。显示界面如图 2-12-6 所示。

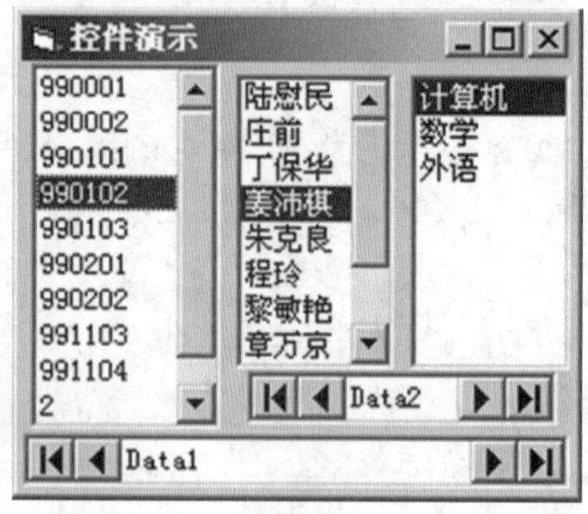


图 2-12-5　实验 12.8 程序运行界面

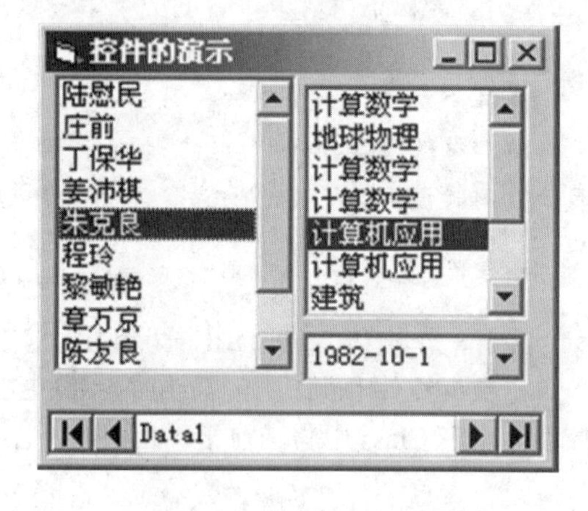


图 2-12-6　实验 12.9 程序运行界面

【提示】

该程序的实现也不需要任何代码，只是设置相应控件的属性即可。

❖实验 12.10

在实验 12.3 题的基础上再增加一项“查询菜单”。当单击“查询”菜单时，通过输入学号分别从 Student 表的 Class 表中查询指定学号的信息，并在 Form9 窗体内显示有关信息，其中，学号，姓名采用文本框,性别采用下拉列表框，学习成绩用数据网格控件显示，窗体显示格式如图 2-12-7 所示。

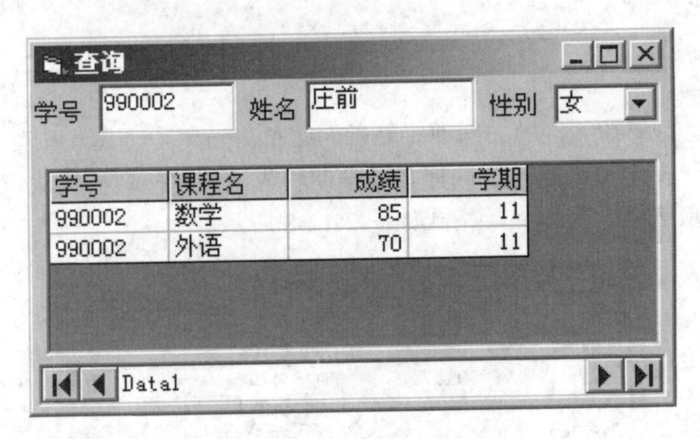


图 2-12-7　实验 12.10 运行界面

【提示】

（1）学号输入可通过 InputBox()输入结果变量，应成全局性的外部公共变量。

（2）Form9 窗体上可放置 1 个数据控件，1 个数据网格控件，2 个文本框和 1 个下拉列表框。.Datal 控制 Class 表，绑定数据网格控件。

（3）根据输入的学号使用 SQL 指定 Form9 窗体上的 Datal 控件的 Recordsource，数据过滤可在 Form_Load 事件完成。

“查询菜单”的代码如下：

```
Private Sub mfind_Click()
    no = InputBox("指定学号的")           ' no 声明成全局性的外部公共变量
    Data1.Recordset.FindFirst "学号= '" + no + "'"
    If Data1.Recordset.NoMatch Then
        MsgBox ("无此学号")
    Else
        Form9.Show                       ' 如果有此学号，打开 Form2
    End If
End Sub
```

Form9 窗体的 Load 事件代码如下：

```
Private Sub Form_Load()
    Data1.DatabaseName = App.Path + "\mydb.mdb"
    Data1.RecordSource = "Select * From Class Where Class.学号='" & no & "'"
    Data1.Refresh
    Text1 = Form7.Text1                  ' 对应 Form1 中的学号
    Text2 = Form7.Text2                  ' 对应 Form1 中的姓名
    If Form7.Text3 = "男" Then            ' 根据 Option1 选择 Combo1 数据项
        Combo1.ListIndex = 0
    Else
        Combo1.ListIndex = 1
    End If
End Sub
```

## ❖实验 12.11

在实验 12.10 的基础上再增加一项“显示”菜单。当单击“显示”菜单时，从 Student 表和 Class 表中选择学号、姓号、课程名、学期和成绩等字段数据构成记录集，并在窗体内用网格控件显示信息，窗体显示格式如图 2-12-8 所示。

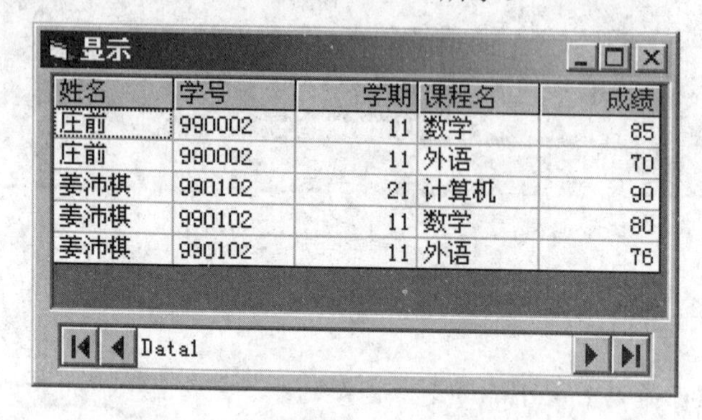


| 姓名 | 学号 | 学期 | 课程名 | 成绩 |
|---|---|---|---|---|
| 庄前 | 990002 | 11 | 数学 | 85 |
| 庄前 | 990002 | 11 | 外语 | 70 |
| 姜沛棋 | 990102 | 21 | 计算机 | 90 |
| 姜沛棋 | 990102 | 11 | 数学 | 80 |
| 姜沛棋 | 990102 | 11 | 外语 | 76 |

图 2-12-8　实验 12.11 程序运行界面

**【提示】**

（1）由表结构可知姓名字段取自表 Student，学号、字段可取自表 Student 或表 Class，课程名、学期和成绩取自表 Class。于是，SQL 语句的 Select 部分应写成：

Select Student.姓名，Student.学生，Class.学期，Class.成绩，Class.课程名表之间数据连接条件为：Stydent.学号=Class.学号。

在使用 SQL 语句时，如果两个表中具有相同的字段时，可以从中任意选取一个，但必须在字段名前加上表名前缀，表名与字段之间的连接必须用西文符号“.”。如果表中的字段名是唯一的可省略字段名前的表名。

（2）form13 窗体上放置 1 个数据控件、1 个网格控件。将网格绑定到数据控件，设置数据控件的 DatabaseName 属性为 Mydb.mdb 在 Form13 窗体的 Load 事件设置 RecordSource 属性为 SQL 语句，并用 Refresh 方法激活这些变化。

程序代码，略。

## ❖实验 12.12

设计一个程序，将数据库 Mydb.mdb 内的表 Student 中的数据输出到文本文件。窗体上放置 1 个数据控件、1 个文本框和 2 个命令按钮，通过 Command1_Click 事件完成数据输出，Command2_Click 事件查看输出结果，窗体界面如图 2-12-9 所示（可将数据控件隐藏）。

程序代码如下：

```
Private Sub Command1_Click()
   mpath = App.Path
   If Right(mpath, 1) <> "\" Then mpath = mpath + "\"
   Open mpath + "mydb.txt" For Output As #1
   Data1.Recordset.MoveFirst
```

```
    Do While Not Data1.Recordset.EOF
        no = Data1.Recordset.Fields("学号")
        na = Data1.Recordset.Fields("姓名")
        de = Data1.Recordset.Fields("专业")
        Print #1, no, na, de
        Data1.Recordset.MoveNext
    Loop
    Close #1
End Sub

Private Sub Command2_Click()
    mpath = App.Path
    If Right(mpath, 1) <> "\" Then mpath = mpath + "\"
    Text1 = ""
    Open mpath + "mydb.txt" For Input As #1
    Do While Not EOF(1)
        Line Input #1, ms
        Text1 = Text1 & ms & vbCrLf
    Loop
    Close #1
End Sub

Private Sub Form_Load()
 Data1.DatabaseName = App.Path + "\mydb.mdb"
    Data1.RecordSource = "student"
End Sub
```

### ❖实验 12.13

设计一个程序，根据文本框输入的学号从 Class 表中选择数据输出到文本文件，窗体界面如图 2-12-10 所示。

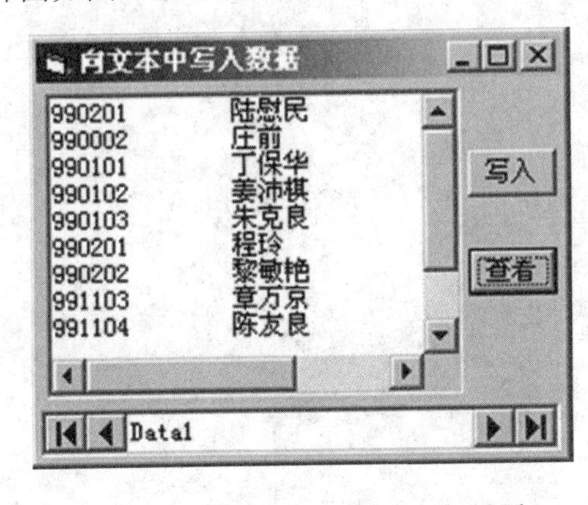


图 2-12-9　实验 12.12 程序运行界面

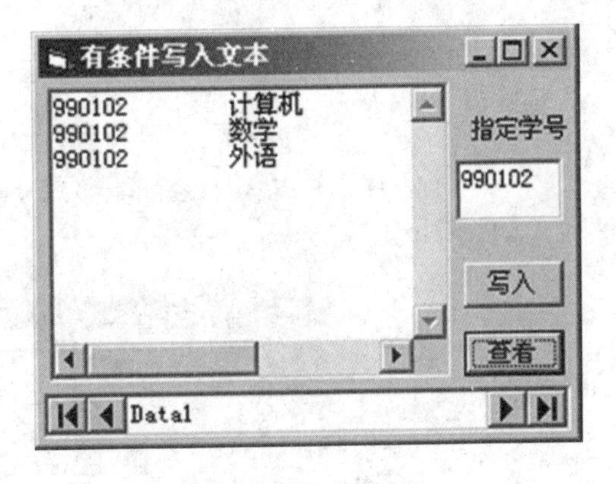


图 2-12-10　实验 12.13 程序运行界面

【提示】

使用 SQL 指定 Datal 控件的 RecordSource，从 C 表中获取数据构成记录集。

程序代码如下：

```
Private Sub Command1_Click()
    no = Text2
    Open "mydb.txt" For Output As #1
    Data1.RecordSource = "Select 学号,学期,课程名,成绩 From Class Where Class.
学号='" + no + "'"
    Data1.Refresh
    Do While Not Data1.Recordset.EOF
        no = Data1.Recordset.Fields("学号")
        kc = Data1.Recordset.Fields("课程名")
        cj = Data1.Recordset.Fields("成绩")
        xq = Data1.Recordset.Fields("学期")
        Print #1, no, kc, cj, xq
        Data1.Recordset.MoveNext
    Loop
    Close #1
End Sub
Private Sub Command2_Click()
    Text1 = ""
    Open "mydb.txt" For Input As #1
    Do While Not EOF(1)
        Line Input #1, ms
        Text1 = Text1 & ms & vbCrLf
    Loop
    Close #1
End Sub
Private Sub Form_Load()
    '可以在设计时设定
    Data1.DatabaseName = "mydb.mdb"
    Data1.RecordSource = "student"
    Data1.Refresh
End Sub
```

### ❖实验 12.14

编写一个程序，通过程序运行能够对 student 表中的照片进行添加和删除，运行界面如图 2-12-11 所示。

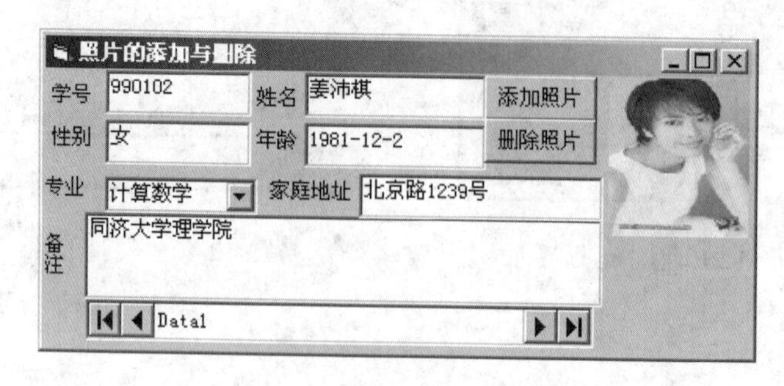


图 2-12-11　实验 12.14 程序运行界面

【提示】

（1）想对照片进行添加，首先要打开一个文件夹来选择一定的图片。因此在该窗体中要首先添加一个通用对话框控件。

（2）存放照片的控件应该选择图形框或图像框都可以。

（3）对照片存放时，需要一个中间暂时存放照片的过程，这个过程需要用到 Clipboard 剪切板和相应的方法（SetData 和 GetData）。

“添加照片”按钮的单击事件代码如下：

```
Private Sub Command1_Click()
CommonDialog1.ShowOpen
Clipboard.Clear
Clipboard.SetData LoadPicture(CommonDialog1.FileName)
Image1.Picture = Clipboard.GetData
End Sub
```

“删除照片”按钮的单击事件代码如下：

```
Image1.Picture = LoadPicture("")
```

### ❖实验 12.15

设计一个报表打印功能，要求利用 Excell 打印 student 表中的所有数据。

【提示】

（1）要采用 Excell 进行打印，首先要创建一个要打印数据的模板文件，即扩展名为.xlt 的文件。

（2）进行调用 Excell 的时候，需要在工程中引用新的对象，对象名称为 Microsoft Excel 10.0 Object Library，不引用该对象就不能够调用 Excell。

（3）向 Excell 模板中插入数据的时候，要使用循环结构：While…Wend

程序代码如下：

```
Dim exlapp As New Excel.Application
Dim exlbook As Excel.Workbook
Dim exlsheet As Excel.Worksheet
Dim mydb As Database      '定义数据库
Dim rs As Recordset      '定义字段

Private Sub Command1_Click()
 Set exlapp = New Excel.Application
 exlapp.Workbooks.Open App.Path & "\student.xlt"
 Set mydb = Workspaces(0).OpenDatabase(App.Path & "\mydb.mdb")      '打开数
据库
 Set rs = mydb.OpenRecordset("student", dbOpenTable)      '打开表
 Dim rows As Integer
 rows = 3
```

```
If rs.RecordCount > 0 Then
 '将数据库信息添加到Excel表中
 While Not rs.EOF
  With exlapp.Sheets(1)
  .Cells(rows, 1) = rs.Fields("学号")
  .Cells(rows, 2) = rs.Fields("姓名")
  .Cells(rows, 3) = rs.Fields("性别")
  .Cells(rows, 4) = rs.Fields("出生年月")
  .Cells(rows, 5) = rs.Fields("专业")
  .Cells(rows, 6) = rs.Fields("家庭地址")
  rs.MoveNext
  rows = rows + 1
  End With
 Wend
 exlapp.Visible = True
End If
End Sub
```

### ❖实验 12.16

使用模糊查询，查询 student 表中的数据。

**【提示】**

在进行模糊查询的时候、要使用 Like 语句，如:
"select * from student where 姓名 like '%" & Text1.Text & "%'"

**独立思考后完成项目：**

（1）建立一个窗体，要求能够实现对学生成绩表中某个学生的成绩进行统计，并且能够按照成绩的高低进行排序。

（2）建立一个综合查询窗体，要求能够对学生基本信息表中的信息按照各个字段进行分别查询；如果没有查询到任何信息，要求能够显示相应的信息。

（3）利用数据报表设计器创建数据报表，要求能够打印报表中的全部信息。

（4）分别利用数据报表设计器和 Excell 电子表格实现对数据表中信息的动态打印，比如：查询到某个学生的信息后，打印该学生的相应信息。

（5）设计一个密码登录窗口，要求密码三次不正确后，系统自动退出。

（6）对数据库进行设计，要求能够对登录后的用户密码进行修改、添加新用户。

（7）设计一个数据库备份窗体，要求能够对数据库进行即时备份。

# 实验十三　应用程序的发布

## 一、实验目的

1．掌握利用 VB 自带的工具运行应用程序。

2．了解安装程序的测试及其卸载。

3．掌握利用工具 Setup Factory7.0 进行安装程序制作。

## 二、实验内容

### ❖实验 13.1

了解应用程序发布的基本概念，掌握制作安装程序的方法。

**实验步骤**

**1. 应用程序发布概述**

在创建 VB 应用程序后，可能希望将该应用程序发布给其他用户。为了方便用户的使用，往往需要将应用程序制作成安装盘，将程序最终安装到用户的计算机上，以便于用户无须安装 VB 环境，就可以在 Windows 环境下直接运行该应用程序。

使用 VB 提供的“打包和展开向导”工具，就可以实现通过软盘、光盘、网络等途径来发布应用程序。

在发布应用程序时，必须经过如下两个步骤：

（1）打包。

将应用程序文件打包为一个或多个可以展开到选定位置的.cab 文件，对于某些类型的软件包，还必须创建安装程序。.cab 文件是一种经过压缩的、适合于通过磁盘或 Internet 进行发布的文件。

（2）展开。

将打好包的应用程序放置到适当的位置，以便用户可以从该位置安装应用程序。这意味着将软件包复制到软盘上或复制到本地或网络驱动器上，也可以将该软件包复制到一个 Web 站点。

**2. 生成可执行程序**

**【提示】**

可执行文件是扩展名为“.exe”的文件，双击此类文件的图标，即可在 windows 环境下运行。

在 VB 集成开发环境下生成可执行文件的步骤为：

（1）执行“文件”|“生成工程名.exe”命令（此处工程名为当前要生成可执行文件的工程文件名），在“生成工程”对话框中确定要生成可执行文件的保存位置和文件名。

（2）单击“生成工程”对话框中的“选项”按钮，在“工程属性”对话框的“生成”选项卡中设置所生成可执行文件的版本号、标题、图标等信息。

（3）单击“工程属性”对话框的“确定”按钮，关闭该对话框，再在“生成工程”对话框中单击“确定”按钮，编译和连接生成可执行文件。

**注意：**按照上述步骤生成的可执行文件只能在安装了 Visual Basic 6.0 的机器上使用。

### 3. 发布应用程序

打包和展开向导可以作为外接程序或独立应用程序来启动。

将向导作为外接程序启动时，首先在 VB 的集成开发环境下选择“外接程序”菜单中的“外接程序管理器”命令，打开如图 2-13-1 所示的“外接程序管理器”对话框，在该对话框中选择“打包和展开向导”选项，并选中“加载 / 卸载”复选框，然后单击“确定”按钮，这时在“外接程序”菜单中添加了“打包和展开向导”命令。使用该命令打包之前，必须要将发布的工程文件先打开。否则会提示打开工程。

将向导作为独立应用程序启动时，可以选择“开始”菜单中的“程序”命令，在“程序”子菜单中选择“Microsoft Visual Basic 6．0 中文版”，打开下一级子菜单，选择“Microsoft Visual Basic 6.0 中文版工具”中的“Package&Deployment 向导”命令，即可打开如图 2-13-2 所示的“打包和展开向导”对话框。

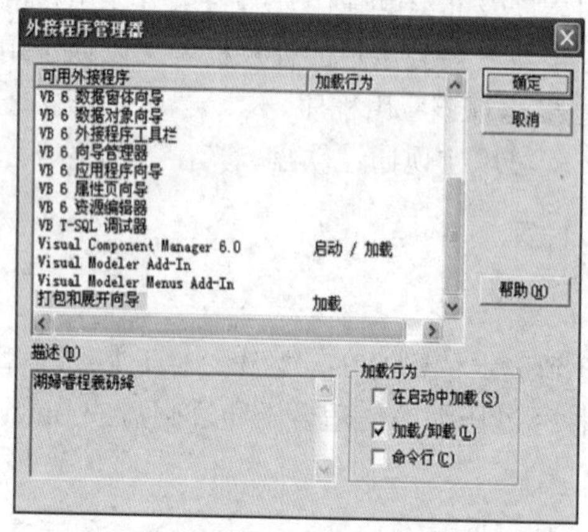


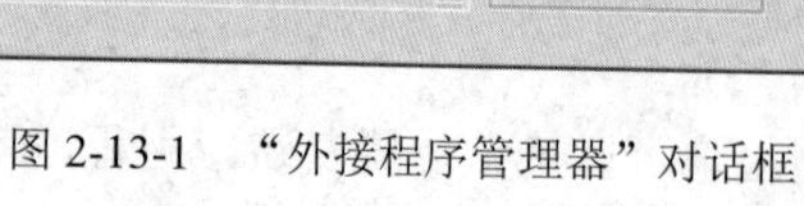

图 2-13-1 “外接程序管理器”对话框

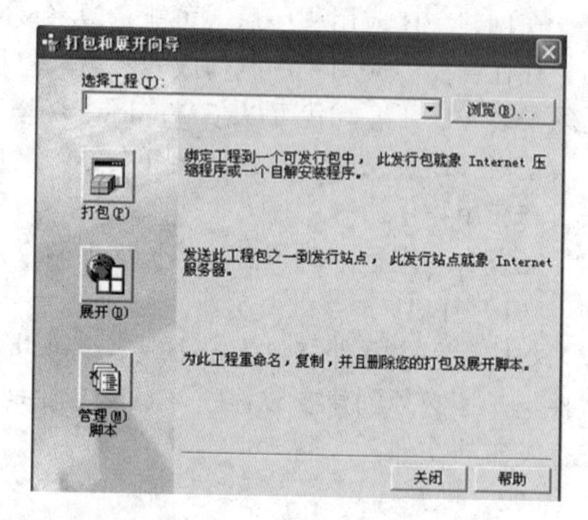


图 2-13-2 “打开和展开向导对话框”

“打包和展开向导”对话框中有 3 个选项，分别是：

（1）打包：将应用程序中的文件打包压缩，保存到指定的文件夹中。

（2）展开：将打包的文件发布到软盘、光盘、网络上。

（3）管理脚本：对打包或展开的脚本进行重命名、复制、删除等操作。

下面用实例介绍使用打包和展开向导将该应用程序制作成安装盘的过程。

#### 4. 应用程序的打包

打包是将应用程序中的文件打包压缩，保存到指定的文件夹中。具体操作步骤如下：

（1）打开打包工程文件。

将向导作为独立应用程序启动，打开“打包和展开向导”对话框，在“选择工程”列表框中显示的是上一次打包的工程名称和位置。

在本例中，单击“浏览”按钮，打开“打开工程”对话框，选择需要发布的工程文件“学生信息管理.Vbp”。

（2）打包脚本。

单击“打包和展开向导”对话框中的“打包”按钮后，如果该工程未生成过.exe 文件，则会打开“查找执行文件消息框”，如果出现这个对话框，可以单击“浏览”按钮来进行选择。如果工程生成过.exe 文件，则会打开如图 2-13-3 所示的询问是否重新编译消息框。

本例中，单击“打包和展开向导”对话框中的“打包”按钮后，打开“查找执行文件消息框”的对话框，然后单击“编译”按钮，系统对程序进行编译后，即可打开“包类型”对话框。

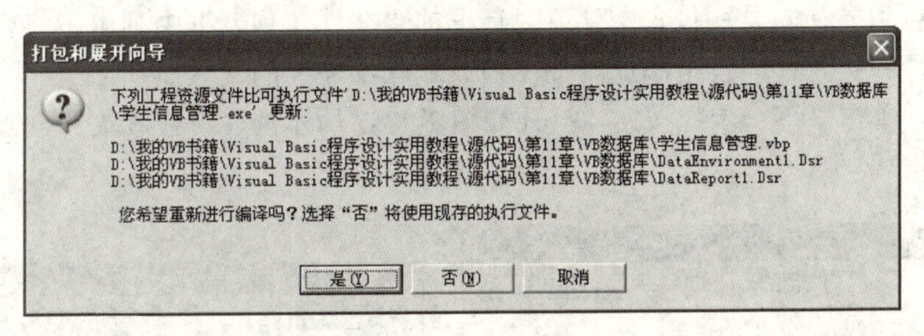


图 2-13-3　询问是否重新编译消息框

如果当前工程保存过以前的打包脚本，则会打开“打包和展开向导—打包脚本”对话框，在“打包脚本”列表框中选择“标准安装软件包 1”，表示应用以前创建这个脚本过程的所有设置，以便快速生成包。选择“无”，表示不想使用已有的脚本。单击“下一步”按钮，打开如图 2-13-4 所示的“打包和展开向导—包类型”对话框。

本例中，由于当前工程没有保存以前的打包脚本，不会显示此对话框。

（3）选择包类型。

在“打包和展开向导—包类型”对话框中的“包类型”列表框中列出了当前工程支持的包类型：“标准安装包”表示创建一个由 setup.exe 程序安装的包；“相关文件”表示创建一个文件，列出该应用程序运行时所要求的有关部件的信息。

本例中，选择“标准安装包”后，单击“下一步”按钮，打开如图 2-13-5 所示的“打包和展开向导—打包文件夹”对话框。

（4）选择打包文件夹。

“打包文件夹”对话框用于指定安装包的文件夹。单击“网络”按钮，可以从连网的计算机上选择文件夹；单击“新建文件夹”按钮，可以在当前文件夹下创建文件夹。

本例中，单击“新建文件夹”按钮，打开“新建文件夹”对话框，在“请输入新的文件夹的名称”文本框中输入要保存打包文件的文件夹名称“打包”后，单击“确定”按钮，打开如图 2-13-6 所示的“打包和展开向导—包含文件”对话框。

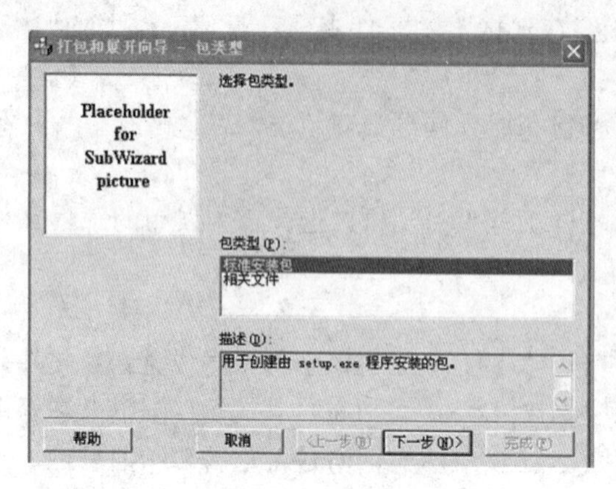


图 2-13-4 “打包和展开向导—包类型”

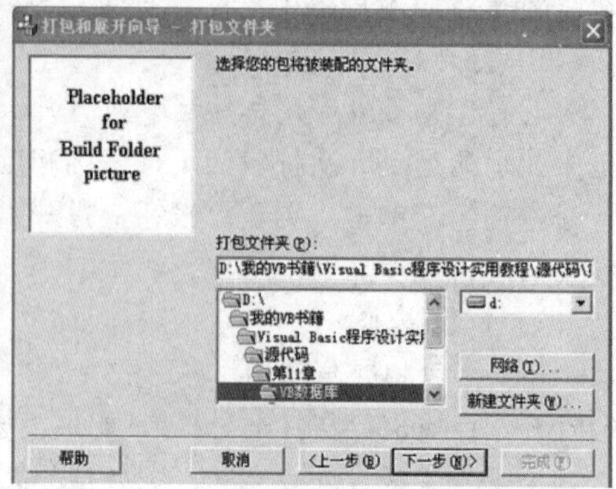


图 2-13-5 “打包和展开向导—打包文件夹”

（5）选择包含文件。

在“打包和展开向导—包含文件”对话框的“文件”列表框中列出了将要包含在包中的文件列表，并且允许向包中添加附加文件或删除不需要的文件。

本例中，单击“下一步”按钮，打开如图 2-13-7 所示的“打包和展开向导—压缩文件选项”对话框。

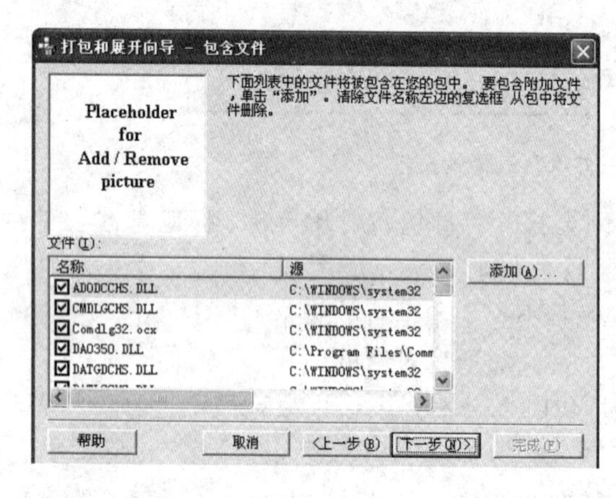


图 2-13-6 “打包和展开向导—包含文件”

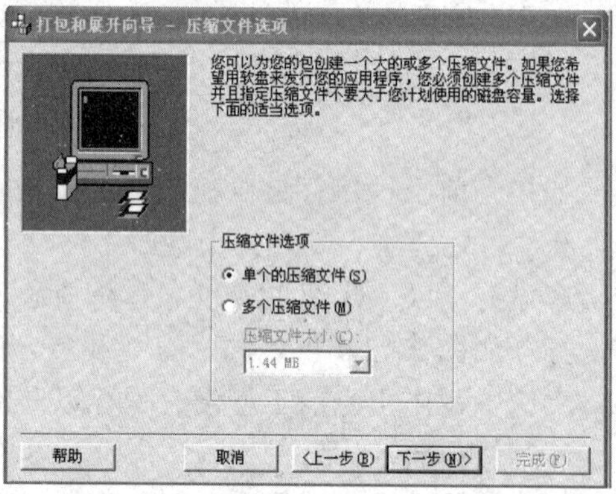

图 2-13-7 “打包和展开向导—压缩文件选项”

（6）设置压缩文件选项。

在“打包和展开向导—压缩文件选项”对话框中允许为包创建一个比较大的.cab 文件，或者将包拆分成一系列可管理的单元，创建一系列小的.cab 文件。

“单个的压缩文件”选项表示将安装应用程序时所需要的文件压缩到一个.cab 文件中；“多个压缩文件”选项表示将应用程序文件压缩到多个指定大小的.cab 文件中。

本例中，选中“单个的压缩文件”单选按钮后，单击“下一步”按钮，打开“打包和展开向导—安装程序标题”对话框。

（7）设置安装程序标题。

“打包和展开向导—安装程序标题”对话框用于为安装程序指定要显示的标题。

本例中，在“安装程序标题”文本框中输入“学生信息管理系统”，作为安装程序指定的名称，该名称在用户运行 setup.exe 程序安装应用程序时显示，单击“下一步”，打开“打包和展开向导—启动菜单项”对话框。

（8）设置启动菜单项。

“打包和展开向导—启动菜单项”对话框允许指定在应用程序安装时，在用户计算机上创建 Windows 的“开始”菜单或其下级菜单中的菜单组（项）。单击“新建组”或“新建项”按钮，将程序组或程序项添加到指定的位置。单击“属性”按钮，打开“启动菜单项目属性”对话框，可以修改菜单项的名称，重新指定执行文件的名称。单击“删除”按钮，可以删除选定的程序组或程序项。

本例中，“启动菜单项”列表框中列出了用户运行 setup.exe 程序安装应用程序后，在用户计算机上创建的启动菜单为“开始”菜单中的“程序”子菜单下的“学生信息管理系统”，执行文件的名称为“学生信息管理系统”，单击“下一步”按钮，打开 “打包和展开向导—安装位置”对话框。

（9）选择安装位置。

“打包和展开向导—安装位置”对话框允许更改用户计算机上安装工程文件的位置。其中，“文件”列表框中列出了包中每个文件的名称和当前位置，以及文件要安装的位置。

本例中，安装位置为默认，单击“下一步”按钮，打开 “打包和展开向导一共享文件”对话框。

（10）设置共享文件。

“打包和展开向导—共享文件”对话框用于决定哪些文件是作为共享方式安装的。共享文件是在用户计算机上可以被其他应用程序使用的文件，当用户卸载应用程序时，如果还存在别的应用程序在使用该文件，则该文件不会被删除。

系统通过查看指定的安装位置决定文件是否能够被共享。除了作为系统文件安装的文件外，任何文件都可以被共享。

对话框中的“共享文件”列表框中列出了所有能够被共享的文件名称和在计算机上的源位置以及安装位置。通过单击每个文件名左边的复选框可以选择想要作为共享文件安装的文件。

本例中，选定“学生信息管理系统.exe”文件后，单击“下一步”按钮，打开 “打包和展开向导—已完成!”对话框。

（11）打包完成。

在“打包和展开向导—已完成!”对话框的“脚本名称”文本框中输入脚本的名称，表示用该名称来保存打包过程中所选择的设置，以便在下次打包同一个工程时可以重复使用这些设置。当展开包时，可以用这个名称来标识它。

本例中，脚本的名称为“标准安装软件包 1”，单击“完成”按钮后，将按选定的设置创建包，生成一个有关打包的文本报告，可以对该报告进行保存，最后返回到“打包和展开向导”对话框。

### 5. 应用程序的展开

应用程序的展开是将一个已打包的文件发布到软盘、光盘或网络上。

具体操作步骤如下：

（1）在“打包和展开向导”对话框中，单击“展开”按钮，如果以前没有为当前工程保存过展开脚本，则打开 “打包和展开向导—展开的包”对话框，否则，打开“打包和展开向导—展开脚本”对话框，从“展开脚本”下拉列表框中选择一个已有的脚本完成快速展开，单击“下一步”按钮，打开“打包和展开向导—展开的包”对话框。

（2）在“打包和展开向导—展开的包”对话框中，从“要展开的包”下拉列表框中选择要展开的包为“标准安装软件包 1”后，单击“下一步”按钮，打开“打包和展开向导—展开方法”对话框。

（3）在“打包和展开向导—展开方法”对话框中，从“展开方法”列表框中选择要展开的方法为“文件夹”后，单击“下一步”按钮，打开“打包和展开向导—文件夹”对话框。

（4）在“打包和展开向导—文件夹”对话框中，单击“新建文件夹”按钮，打开“新建文件夹”对话框，在“请输入新的文件夹的名称”文本框中输入要保存展开文件的文件夹名称“展开”后，单击“确定”按钮，打开“打包和展开向导—已完成!”对话框。

（5）在“打包和展开向导—已完成!”对话框中，在“脚本名称”文本框中输入脚本名称“展开文件夹 1”后，单击“完成”按钮。

至此，应用程序的发布操作全部完成，此时在“展开”文件夹中列出了应用程序安装盘上的所有文件。

### ❖实验 13.2

安装程序制作完毕后，我们如何来进行测试安装程序呢？下面我们就通过本实验来完成对应用程序进行安装和卸载测试。

#### 实验步骤

#### 1. 安装应用程序

在完成了应用程序的包装工程并产生了发布媒体后，必须对安装程序进行测试。确保在一台没有安装 VB 以及应用程序所需的任何 ActiveX 控件的机器上测试安装程序，还应该在所有可用的操作系统上测试该安装程序。在测试安装应用程序的过程中，大致可以分为三种方法：

（1）测试基于光盘的安装程序。

① 将第一张光盘插入驱动器。

② 选择“开始”菜单中的“运行”命令，打开“运行”对话框，在“打开”文本框中直接输入“drive:\setup”，或双击软盘、CD 上的 setup.exe 图标。

③ 安装完成后，运行安装好的程序。

（2）测试基于网络驱动器的安装程序。

① 从同一个网络中的要作为发布服务器的另一个计算机上，与包含发布文件的服务器及其目录建立连接。

② 在发布目录中，双击 setup.exe 文件。

安装完成后，运行安装好的程序，确定其运行正常。

（3）测试基于 Web 的安装程序。

① 将软件包展开到一个 Web 服务器。

② 访问一个 Web 页面，要求从该页面可以引用应用程序的.cab 文件。下载操作会自动开始，且显示相应的提示信息，询问如何继续进行。

③ 安装完成后，运行安装好的程序，确定其运行正常。

### 2. 删除应用程序

当用户安装应用程序时，安装程序将删除实用程序复制到\windows 或\WINNT 文件夹。每次使用安装程序来安装应用程序时，都会在应用程序的安装目录中生成一个删除日志文件 st6unst.log。同时将删除实用程序添加到“控制面板”的“添加/删除程序”部分。

在安装失败或安装操作取消时，删除实用程序将自动删除安装期间安装程序所创建的所有的目录、文件以及注册表项。

在安装成功后，用户还可以使用“添加/删除程序”来卸载应用程序。

### ❖实验 13.3

利用 Setup Factory 7.0 工具，进行制作安装程序。

我们在用 VB 等语言编写并编译成程序后，往往会希望制作一个精美的安装程序来发布自己的软件。在这里推荐使用 Setup Factory 7.0，这是一款强大的安装程序制作工具。该软件提供了安装制作向导界面，即使你对安装制作不了解，也可以生成专业性质的安装程序。可建立快捷方式，也可直接在 Windows 系统的注册表加入内容，还能在 Win.ini 和 System.ini 内加入设定值，更可以建立反安装选项，等等。它内附的向导可以一步步地带领您做出漂亮又专业的安装程序。目前普遍使用该软件的 7.0.1 版本，用户可以在网上下载到，或访问该软件的汉化网站 http://www.hanzify.org 进行下载。

我在这里简单介绍一下如何使用 Setup Factory 7.0 来制作一个安装程序。

打开软件后，默认会跳出一个工程向导的界面，如图 2-13-8 所示。

此时可点创建来新建一个工程程序，或是按 Esc 键退出工程向导。由于在首次安装完 Setup Factory 7.0 后，默认语言为英文（可能会根据软件版本而不同），这样在制作安装程序时很不方便，因此需要先将默认语言改为中文简体。所以在这里我们先按 Esc 键退出工程向导，直接进入软件主界面。如图 2-13-9 所示。

图 2-13-8　默认界面

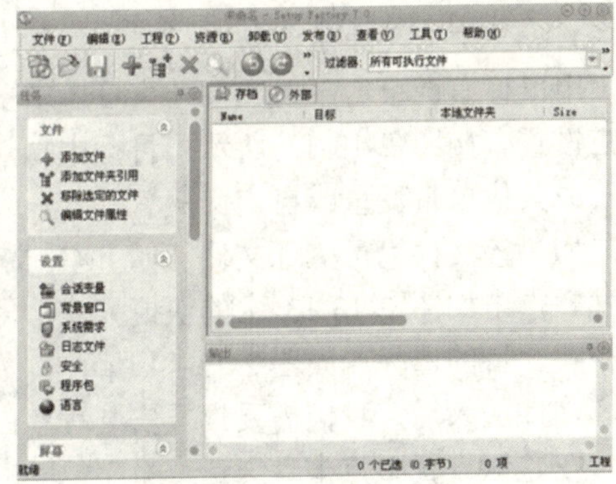

图 2-13-9　打包工具主界面

在主界面菜单的编辑中选择“参数选择”，在出现的窗口中打开 Document 并点击 Languages，然后在窗口右侧选中 Chinese (Simplified)，再点击下方的“设为默认”，最后确定即可。如图 2-13-10 所示。

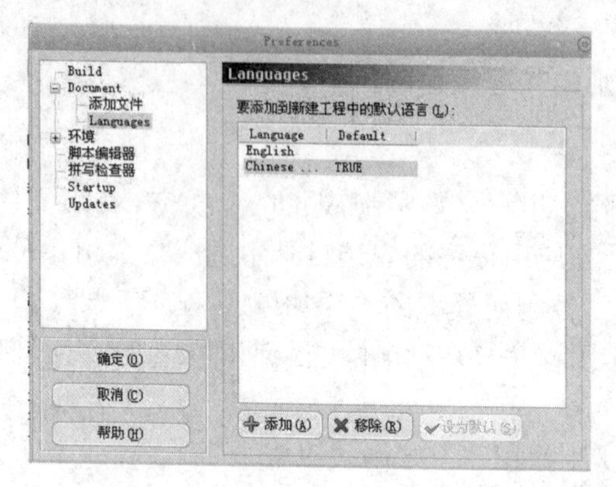


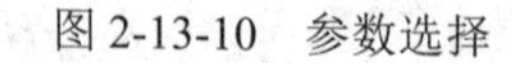
图 2-13-10　参数选择

图 2-13-11　添加文件

现在我们可以开始制作安装程序了。先要添加安装文件。在菜单的工程中选择“添加文件”，或在主界面左侧的文件中选择“添加文件”。如图 2-13-11 所示，如果添加多个文件，则可选择“此文件夹中的所有文件”，如果有子文件夹，则选第三项“此文件夹及其子文件夹中的所有文件”。然后点击添加按钮。文件加入后的界面如图 2-13-12 所示。

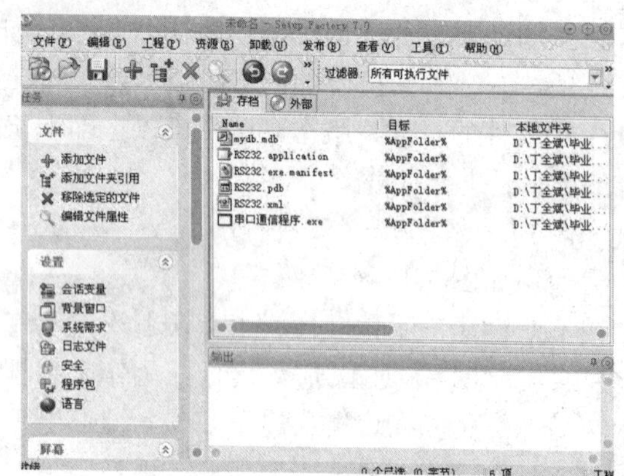


图 2-13-12　加入文件后界面

常规　快捷方式　高级　条件　程序包　注意
来源
文件名(F):
mydb.mdb
详情(I)
本地文件夹(L):
D:\丁全斌\毕业设计2008-06-09\执行程序
浏览(W)
描述(D):
运行时文件夹(R):
目标
安装到(I):
%AppFolder%
覆盖(O):
如果存在的文件较旧则覆盖

图 2-13-13　文件属性查看

用鼠标右键单击某一文件（也可选中多个文件对其编辑），选择“文件属性”，可修改相应设置。如图 2-13-13 所示，目标中默认为%AppFolder%，该变量表示安装路径，可以修改成其他自带变量或自定义变量。

如果该文件为可执行文件（如 EXE 文件等），那么默认会在开始菜单建立相应的快捷方式。点击如图 2-13-13 中的快捷方式，即可出现相关设置。如果不需要快捷方式，可取消相关项目的选择。如图 2-13-14 所示。

文件加入后，我们需要设置安装程序的相关信息，如变量定义、软件卸载等。

在左侧设置中点击“会话变量”，如图 2-13-15 所示，这些变量是 Setup Factory 7.0 自带的变量，在此处定义或在代码中定义后，即可在安装过程中使用。

图 2-13-14　项目选择

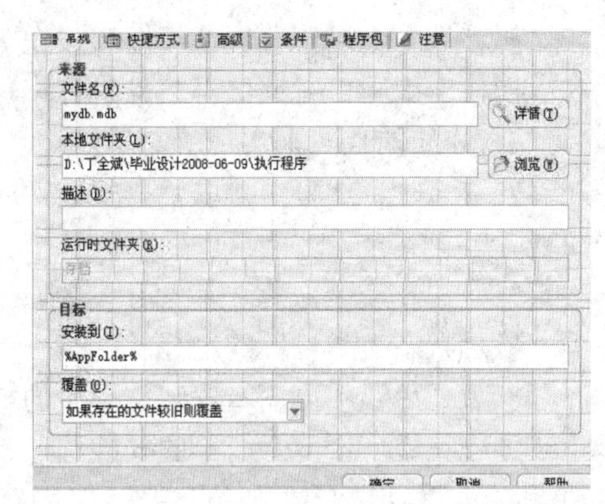


图 2-13-15　相关信息设置

新建安装程序默认会创建卸载，如果你的软件不需要卸载，那么点击主界面左侧卸载中的“设置”，可关闭“创建卸载”。如图 2-13-16 所示。

下面我们就要开始制作安装过程中的屏幕了。屏幕分三部分，安装前、安装中、安装后，如图 2-13-17 所示。点击主界面左侧屏幕中的工程主题，在跳出的窗口下方选择工程主题可改变安装屏幕的样式。

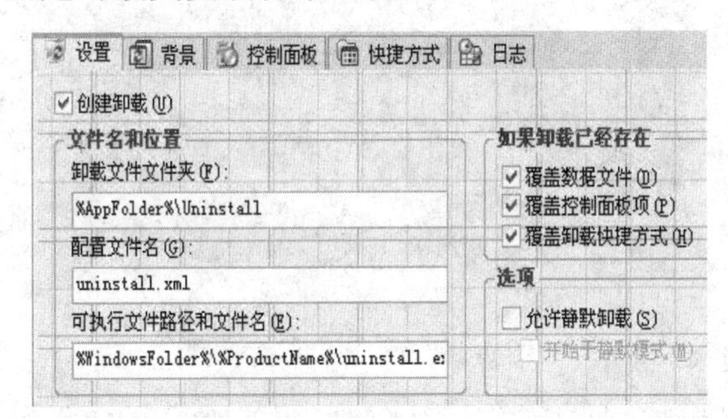


图 2-13-16　创建卸载

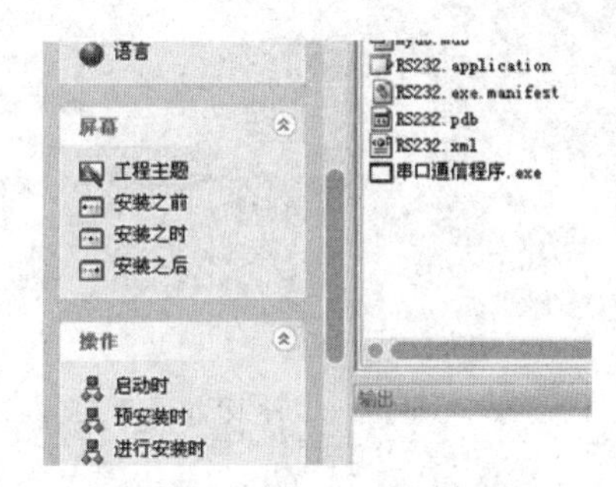


图 2-13-17　安装过程分类

点击如图 2-13-17 所示的“安装之前”，可在窗口左侧添加或删除相应的屏幕。如图 2-13-18 所示。

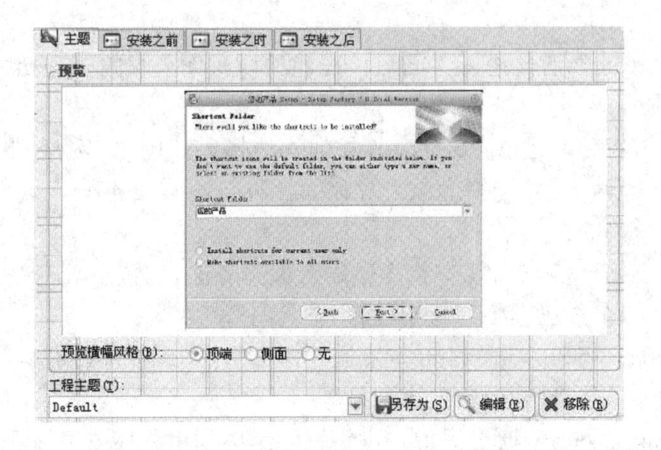


图 2-13-18　点击“安装之前”后的界面

在“属性”中则可修改屏幕标题和按钮等。

在“操作”中则可对该屏幕事件进行编程。通过窗口底部的“添加操作”和“添加代码”，可加入相应的代码来实现所需功能。

在“安装之时”屏幕中，取消“安装期间显示进程屏幕”的选择，该屏幕在安装时将不再出现。

如果只是想在安装过程中不显示复制的文件名称及其路径，那么点击“编辑”按钮，并取消“显示状态文本一”的选择。

在“安装之后”中可编辑安装完毕后的屏幕界面。

上述过程完成后，一个简单的安装程序就可以发布了。点击菜单发布中的构建，如图 2-13-19 所示，默认选择“Web（单个文件）”即可，再点击下一步。

确定输出安装程序的文件夹及安装程序文件名称，如图 2-13-20 所示。然后点击“构建”按钮。

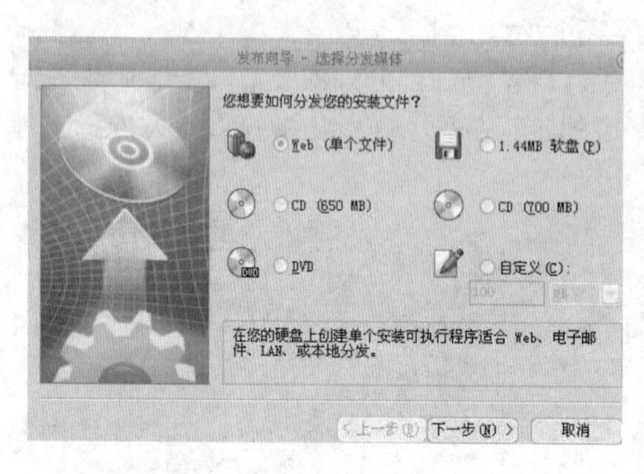


图 2-13-19　选择发布文件类型

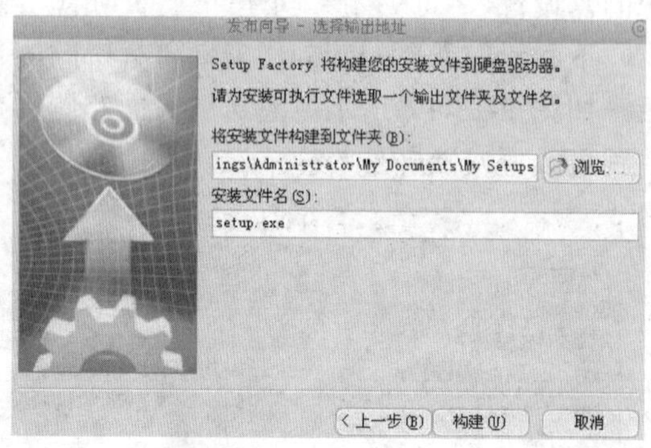


图 2-13-20　确定保存位置

Setup Factory 7.0 的常用功能差不多就这些，主要是看你怎么合理利用它自带的操作程序，再结合控制代码，就能编写出功能强大的安装程序了。

setup factory7.0 使用步骤如下：

（1）启动 setup factory 后，进入该程序的主界面，选择 create 新建一个工程，“open”打开一个工程。

（2）选择“create”后，进入界面后，在此处填写你公司的一些相关信息，以及打包产品的名称和版本号。

（3）单击下一步后，通过“browse”按钮，选择要打包的工程文件。

（4）单击下一步，在此选择安装程序是否用向导，点击下一步选择安装程序的界面风格。

（5）再次单击下一步，出现安装程序语言选择界面设置，可支持多语言。以下均默认选择，即可生成一个打包程序的新工程。

（6）选择 screen--before installing，点击“添加”，可选择出现在程序安装过程中的界面，如：欢迎界面、安装目录、输入序列号等。

（7）在 setting--security 通过添加，可设置多组序列供程序安装过程使用。

（8）通过 building setting 设置输出文件路径，以及 exe 文件名，则创建完毕。